청소년을 위한
최소한의
수학

2

청소년을 위한
최소한의
수학

2

수학II , 미적분

고등학교 수학의 실력 다지기,
수의 체계에서 미적분까지

장영민 지음

궁리
KungRee

　제가 고등학교 수학에 대해 새로운 생각을 하게 된 것은 미국 유학을 와서였습니다. 대학원 수준의 경제학 과목은 이과과목이 아니었지만 결코 만만치 않은 수학실력을 요구했습니다. 많은 밤을 고민하게 했던 한편 같이 공부하던 다른 나라 유학생들의 수학실력을 볼 기회도 주어졌지요.

　그때 유럽 학생들은 우리와 다르게 수학을 배운 것 같다는 느낌을 받았습니다. 몇몇 독일이나 영국 출신 친구들의 경우 수학 개념을 공식을 외워내는 것이 아니라 마치 자신의 옛 경험을 되살려내는 듯, 머릿속에 공식이 아닌 이미지가 남아 있는 식으로 설명했던 것이 인상적이었습니다. 제 주변의 몇몇 학생들만을 관찰한 느낌이긴 합니다만 이 친구들은 자신들이 배운 고등학교 수학이 전체적으로 어떤 흐름이나 목적을 갖는지, 또 그 배경이 무엇인지도 자세히 알고 있는 듯했습니다. 수학을 공부하는 목적과 배경지식을 잘 알고 있어서 균형감을 가졌다는 느낌이었지요.

이들과 공부를 좀 더 해보면서 이런 접근 방식에 생각보다 큰 장점이 있다는 것을 발견했습니다. 이들은 우리와 같은 수준의 수학 지식을 가지고도 새로운 문제를 해결하는 데 보다 창의적인 경우가 많았던 것입니다. 이들은 시험이나 연구과정에서 수학 지식을 보다 잘 활용하는 듯 보였는데 거기에는 수학을 배우는 과정에서 비롯된 자신감과 주체성이 한몫하는 것 같았습니다.

우리나라 학생들이라고 이걸 마냥 부러워만 할 이유는 없습니다. 한국 학생들이 이해력이나 감각, 지식의 습득속도는 외국 학생들보다 더 나은 것 같으니까요. 배우는 과정에 조금만 다른 자극을 주면 그 효과가 크지 않을까 싶습니다.

제가 본 일부 학생들은 수학 개념을 배울 때 마치 그것이 우리가 범접할 수 없는 천재들이 엄청난 노력을 해서 완성해낸 것으로, 평범한 일반인들은 그것을 이해하지 못하는 게 당연하다는 듯 생각하는 것 같습니다. 아마도 그래서 원리를 이해하는 것보다는 답을 찾는 것에만 치중하곤 하는데 이런 방법은 창의력을 요구하는 문제에 취약하고 또 수학을 배우는 즐거움을 빼앗아가 버립니다. 다른 과목도 비슷하겠지만 수학의 경우 우리가 배우는 내용이 등장하게 된 배경을 알고 그것을 발견한 사람과 보다 친밀해진다면 (처음에는) 어려워 보이는 수학 개념을 이해하고 자신 있게 내 것으로 만들 수 있습니다. 알고 보면 이 책에 나오는 천재들도 우리는 도저히 따라갈 수 없는 고차원의 사고수준을 가지고 있지는 않았습니다. 지금 우리가 보기에 간단해 보이는 문제 때문에 수개월간, 수년간 고민하기도 하는 우리와 같은 인간들이었습니다.

고등학교 수학을 보는 새로운 눈

"수학을 왜 배울까? 도대체 이걸 어디에 쓰지?" 이 흔한 질문에, 지금껏 마음에 와닿는 대답을 들어본 적이 거의 없습니다. 대답은 늘 시원찮았습니다. 왜 그런가 생각해보면 이것이 몇 마디로 답해줄 수 있는 질문이 아니었기 때문입니다.

점수를 잘 받아서 대학에 가야 하니까, 논리력을 키워주니까, 수학을 통해 인류가 우주선을 만들고…… 등 답변은 수없이 많습니다. 틀린 것은 아니지만 만족스럽지 못합니다. 우선 누가 고등학교 수학을 마친다고 달에 비행기, 우주선을 날릴 수 있답니까?

답이 만족스럽지 못했던 이유는 수학을 하나의 기술(예를 들면 자동차 운전기술, 보석 세공기술 등)로 보고 그것을 중심으로 이해(또는 설명)하려 했기 때문입니다. 과거의 저를 포함한 많은 우리 학생들이 수학을 (살며 별 도움도 될 것 같지 않은) 계산기술로 생각했습니다. 고등학교 수학을 하나의 기술로 볼 것이 아니라 인류가 문명을 쌓아온 역사적 기록의 일부분으로 봐야 합니다. 고등학교 수학은 문화유산이자 역사입니다. 그것도 몇 년도에 누가 이랬다더라 하는 간접적인 역사가 아닌 그 옛날 그 누군가의 머릿속에 들어가서 그 똑같은 문제를 내가 직접 고민하고 해결해볼 수 있는, 말 그대로 살아 있는 역사입니다.

아마도 바로 이런 이유에서 문화유산이라는 생각이 안 들었는지 모르겠지만 인류가 쌓아온 그간의 업적 중 이것을 개인차원에서 직접 복기해보고 시뮬레이션 해볼 수 있는 것은 수학뿐입니다. 세종대왕의 한글을 다시 만들어볼 수 없고, 모차르트의 음악을 누구나 다시 지을 수 없지만 수학은 그것이 가능합니다. 수학은 그 옛날 그 사람들이 어떤 식으로 문제를 해결했는지, 어떤 한계에 직면했는지 등을 직접 체험해보도록 해줍니다. 고등학교 수학은 대략 19세기 초까지의 수학의 발전과정을 다룹니다. 누적된 수학 지식을 바탕으로 인류 문명의 폭발적인 발전을 시작하기 직전까지입니다.

그 엄밀하고 논리성을 중시한다는 수학 역시 한꺼풀 벗겨보면 '인간적'입니다. 때로 모순적이고 항상 변한다는 것입니다. 본문 내용 중에는 유럽인들이 미적분을 발견하고 도입하는 과정에서 수학도 정치·사회·문화의 갈등과 타협의 산물이라는 점을 보여주는 부분이 있습니다. 중국이나 인도, 아랍에 비해 세계문명의 변방이던 유럽이 짧은 시간에 다른 문화권을 넘어선 데에는 수학사의 한 장면이 숨어 있습니다. 유럽은 당시 사상적으로 위험하기까지 한 미적분 개념을 받아들일 사회적 포용력이 있었고, 그것이 유럽의 도약을 이끈 작지만 큰 계기가 되었다는 이야기가 있습니다. 이 책은 이렇게 '고교수학'이란 이름 뒤에 가려진 역사와 인간적인 이야기에 주목합니다.

이 책은 다음과 같은 특징이 있습니다.

· 예비 고등학생이나 현 고등학생들에게 고교수학의 의미와 배경을 알리는 것이 책의 목적입니다. 본격적으로 (문제풀이 위주인) 현행 고등학교 수학에 입문하기 전에 앞으로 이것을 왜 해야 하는지 큰 그림을 그려보는 책입니다. 가급적 중학교 수준의 수학을 가지고 고등학교에서 배우는 수학의 지형도를 파악할 수 있도록 구성했습니다.

· 중학교 수학수준에서 고등학교 수학을 공부하는 것이 쉽지가 않기에 상당부분을 [심화수업]이라는 형식으로 따로 구성했습니다. 당장의 중학교 수학 지식으로는 버겁지만 고교수학을 배워가면서 또는 배운 후에 종합적인 이해를 돕는 내용들입니다. 상위권 학생이나 고교수학의 제반 지식을 가진 독자들에게는 알고 있는 개념들을 왜 배웠는지, 어떻게 배운 지식들이 서로 연결되는지를 설명하여 전체적인 이해를 돕습니다.

고교수학을 처음 접하는 이들이라면 [심화수업]의 내용은 가볍게 읽어나가거나 고교수학을 배운 후 다시 보기를 권장합니다.

· 주요 대상독자들이 문과/이과 선택을 하지 않은 상태를 전제하여 문, 이과에 공통적인 내용만을 포함했지만 이과계열 수학 내용 중 필요한 것은 추가했습니다.(삼각함수, 원뿔곡선 등) 이 경우에도 [심화수업]이라 표시했습니다.

· 수학의 역사와 배경내용 중 고등학교 수학과 관련된 것만을 포함했고 강조했다는 점을 미리 밝힙니다. 일차적인 목적을 고등학교 수학을 이해하는 데 도움이 되는 배경지식을 제공하는 것에 두었기에 기존 수학 역사서에서 강조하는 내용이 빠지기도 하고 또 때에 따라서는 과장된 표현을 사용하기도 했습니다.

· 고등학교 수학을 역사와 배경 중심으로 설명하는 것이 목적이므로 최대한 스토리를 중심으로 엮어나가려 노력했고, 특히 아들과의 대화형식으로 읽기 쉬운 수학책을 선보이려 했습니다. 그러나 이 책도 결국 수학

에 관한 책입니다. 당시 수학자가 어떤 생각을 했는지를 보여주는 한편 필요하다면 그와 관련한 수학 개념을 설명하는 것에 집중했습니다.

'수학은 왜 존재하는가?' 질문을 다시 던지다

고등학교 수학을 제대로 배우고 이해한 학생은 우리의 현 문명 수준을 뒷받침하는 논리적·추상적 사고능력이 갖춰진 그 과정을 흡수하고 체화했다고 할 수 있습니다. 조금 과장하자면 적어도 1800년대까지 인류의 과학적 발전을 이끌어온 지적 능력을 고등학교 3년이란 단기간에 완성시켰다고까지 말할 수 있겠습니다.

우리나라의 고등학교 수학과정은 수학의 이런 기능의 90%를 채워주고 나머지 10%를 채워주지 못하고 있습니다. 90%인 이유는 역시 수학의 최우선 목적은 문제해결능력이기 때문입니다. 수학에 대한 이해능력을 측정하는 기준 중 가장 중요한 것은 결국 수학문제에 대한 해결능력입니다. 우리의 수학 교육과정이 나쁘지 않다고 생각합니다. 그동안 강조했던 많은 연습과 문제풀이가 힘들지만 우리 학생들의 경쟁력을 한 수준 더 올려줬으며 앞으로도 수학은 도전적인 과목으로 남아야 그 존재가치가 빛날 수 있습니다.

이 책의 주제는, 나머지 10%, 즉 우리가 배우는 수학의 의미에 관한 것입니다. 아마도 최상위권에 속하는 학생들, 수학에 탁월한 재능이 있는 학생들은 이 책이 필요 없을지도 모릅니다. 이 책은 수학과목에 노력과 시간을 투자해야 하는 이유를 미리 알고 싶은 학생 또는 지도자에게 필요한 배경 스토리를 전달하고자 합니다. 개인적 성향에 따라 어떤 학생들은 이 10%에 대한 궁금증이 풀리지 않으면 수학에 도무지 관심을 갖지 못하는 경우도 많습니다. 특히 문과지망생들인 경우 더욱 그런 것 같습니다. 어떤 주제든지 그 배경을 알고 역사를 알아야만 올바르게 접근할 수 있고 쉽게 이해할 수 있는데, 이 책은 이런 점을 보강하고자 합니다.

고등학교 수학을 공부하며 기타 참고서와 이 책을 병행하면 더 좋겠지만 우리나라 고등학생들이 그렇게 하긴 쉽지 않다고 합니다. 그래서 책의 수준을 중학교 3학년을 마친 학생으로 정했습니다. 학생들에게 처음엔 버거울 만한 부분은 [심화수업]으로 분리하여, 고등학교 수학을 이해한 후 다시 볼 수 있도록 했습니다.

수학은 외롭게 혼자 문제를 해결해야 하는 개인적인 도전이면서 동시에 사회적 · 정치적 발전과 변화의 산물이었습니다. 또 무미건조해 보이는 고등학교 수학의 각 부분들(수학 I, 수학 II, 미적분 등)도 자세히 들춰보면 나름의 사연과 스토리가 있습니다. 수학에 얽힌 이야기를 접하며 학생들이 수학과 친해지고, 또 적극적으로 배우려는 동기를 갖게 되기를 기원합니다.

끝으로, 처음 이 책을 쓰기 시작할 당시 격려와 지원을 아끼지 않으셨던 K2 코리아의 정영훈 대표이사께 깊은 감사를 전합니다. 김주희 편집자를 비롯한 궁리출판의 동행도 큰 힘이 되었습니다. 누구보다 이 책이 세상에 나오기까지 고생했던 아내 원경에게 감사하다는 말을 전하고 싶습니다.

2016년 4월
장영민

미적분

불량 아빠

중3을 마친 아들이 수학을 못한다고 졸지에 불량 아빠로 낙인 찍힌 인물이다. 본인도 과거 수학을 싫어해서 아이들의 심리를 잘 알고 있다. 소심함과 식탐이 주요 특징이다.

모태솔로 사촌형

대학원에서 수학을 전공하고 있다. 수학 이야기를 시작하면 한번에 너무 많은 것을 설명하려 해서 아이들을 괴롭힌다. 수학에 빠져 살다 제대로 된 연애 한 번 못해봤지만 정작 본인은 수학을 통해 인생을 배웠노라고 주장한다.

우식이

현재까지는 장래 희망이 소설가라고 하는데 언제 또 바뀔지 알 수 없는 인물이다. 수학을 포기하려고 수작을 부리는 것 같기도 하다. 고등학교 수학에 불만이 많다. 사실 이 책의 매 단원은 우식이의 수학에 대한 불만에서 시작된다.

동현이

가끔 명석한 문제해결능력을 보이고 재능도 있지만 친구를 잘못 만나 여지껏 고생하고 있다.

수학

II

Day 11

집합과
명제

불량 아빠 : 자, 이제 너희들이 수학 I을 성공적으로 마쳤으니 고등학교 수학의 본격적인 단계로 나아가기 위한 준비를 마쳤다고 볼 수 있겠구나. 수학 I은 어느 정도 중학교 수학과 비슷하고 거기에서 이어지는 느낌이 있었을 거야. 이제 수학 II부터는 중학교 수학과 점점 차이가 나기 시작할 거야. 내용이 어렵다기보다는 그냥 다르니까.

수학 II를 시작하면서부터 "이런 걸 배우는 이유가 도대체 뭐지?"라는 의문이 더 자주 생길 텐데, 아빠도 그랬고 수학 천재 소리 듣던 사촌형도 그랬어. 뉴턴도 데카르트의 기하학 책을 처음엔 이해 못 해서 세 번 봤다고 하듯이, 수학 II, 미적분 내용은 누구라도 한번에 이해가 안 가는 게 당연하단다. 그러니 처음부터 전부 이해해보겠다는 생각은 내려놓고 편안하게 찬찬히 이 아빠와 사촌형의 이야기를 들어보렴. 자, 시작해보자.

말했다시피 수학 II는 미적분을 제대로 한번 배워보기 위한 "교과과정상"의 준비작업이라 할 수 있어. 사실 수학 II는 수학 I과 달리 조금 "인위적"이야. 인위적인 이유는 수학 II의 내용이 수학 I에서처럼 인간이 뭔가 눈앞에 닥친 문제를 해결하던 자연스러운 과정에서 나온 것이 아니라 이미 있던 개념들을 보다 정확하게 다듬은 것들이기 때문이야.

그러니까 수학 II는 미적분을 증명하려는 과정에서 나온 것이라서 시간상으로 미적분이 나온 이후에 정립된 것들이고, 그 과정에서 그동안 대충 알고 있던 것들을 정확하게 정의하고 보완한 내용들로 이루어져 있어.

역사적 순서와는 다르게, 교과과정상에는 학생들의 이해를 도우려고 미적분에 앞서 수학 II를 먼저 배운단다.

우식이 : 수학 II에 나오는 모든 내용이 다 미적분 때문에 나온 거다 이거지? 미적분, 이게 문제구만.

불량 아빠 : 정확히는 집합, 명제, 함수 그리고 수열 일부가 그런 건데, 수학 II의 절반 이상에 해당하니 그렇다고도 할 수 있지. 나머지인 삼각함수나 지수/로그는 미적분과 연관이 크긴 하지만 미적분의 증명과정과는 직접적인 관련은 없어.

아무튼 집합, 명제(논리), 함수는 수학 II를 지탱하는 기본개념 3총사라할 수 있는데 오늘은 그중 집합과 명제만 살펴볼 거야. 집합과 명제는 서로 형제간이라고 할 만큼 연관이 있는데 왜 그런지 알아보는 것이 오늘의 목적이다.

　일단, 우식이. 집합이 뭐니?

　우식이 : 집합이 집합이지. 간단하게 비슷한 것들끼리 묶어놓은 것이 집합이야. 수학책에서는 이렇게 설명해. "주어진 조건을 따라 그 대상이 확실하게 구분되는 것들을 모아놓은 것이 집합이다"라고. 그나저나 이 집합은 누가, 도대체 왜 발명한 거야?

　불량 아빠 : 수학책 앞부분에 나오니까 자주 봐서 그런지 잘 외우고 있구만. 잘했어. 정확한 정의야. 그러니까 집합은 우식이 같은 애들 때문에 발명하게 된 거야.

　우식이 : 앵?

　불량 아빠 : 보자. "잘생긴 사람 선착순 모집"이라고 인터넷 게시판에 공고를 내버리면 우식이 같은 잘생기지도 않은 아이들이 너도 나도 모일 것 아니야. 그런 불미스런 사태를 미연에 방지하기 위해서 엄격한 조건을 두는 수학적 장치가 바로 집합이야. 예를 들어 "최소한 10명 이상의 사람들로부터 잘생겼다는 추천서를 받은 학생들의 집합" 이렇게 해버리면 우식이 같은 애들은 절대 못 들어오잖아. 확실한 조건을 줘서 어중이 떠중이가 끼지 못하게 하는 거지. 집합, 이거 생활에 아주 쓸모가 많아.

　집합은 1872년 칸토어(Georg Cantor)가 처음으로 정의했어. 그 전에도 집합과 유사한 개념이 있었지만 공식적으로 집합을 정의한 것은 칸토어야. 원래 우리가 고등학교 때 배우는 집합은 주로 집합의 연산에 초점을 두고 있는데 칸토어는 집합의 연산보다는 집합의 크기에 대해 설명하는 것이 주목적이었어.

우리가 중학교 때도 배웠고 고등학교에서도 배우는 이 집합의 연산은 영국 논리학자 불(George Boole)이 1854년 논리학을 집합의 개념으로 바꿔서 생각해내는 방식을 발표하면서 나왔어. 고등학교 수학의 개념치곤 꽤 최근 내용이지.

거창해 보이지만 이미 알고 있는 내용이야. 집합에서 배운 거랑 기호만 다르고 똑같으니까. 예를 들어 우식이 반에 키 170센티미터가 넘는 학생이 우식, 동현, 영훈, 준범, 종선, 태인, 창원, 상우가 있다고 쳐봐. 전체집합이 이 키 큰 학생 8명이라고 치고 그중에 수학을 포기했다고 공식선언한 학생은 우식, 동현, 종선, 태인이가 있어. 또 그중에 스마트폰이 있는 학생은 영훈, 동현, 태인이가 있고.

불의 논리방식(Boolean Logic)에 따르면 전체집합 $T=\{$우식, 동현, 영훈, 준범, 종선, 태인, 창원, 상우$\}$에서 수포자 집단인 x라는 집합 $x=\{$우식, 동현, 종선, 태인$\}$, 스마트폰 보유자 집단인 y라는 집합 $y=\{$영훈, 동현, 태인$\}$으로 나눠져.

만약에 수학도 포기했고 스마트폰도 있는 학생을 찾고자 한다면 불의 방식에서는 $x \times y = \{$동현, 태인$\}$이라고 해.

동현이 : 그러니까 기호만 다르지 집합이랑 똑같네요? ×는 교집합(∩)의 개념이구만요. 그건 그렇고 저 빼주세요. 그냥 수학 포기 안 할게요.

불량 아빠 : 진작 그럴 것이지. 이제 우식이만 남았구나.

우리가 쓰는 집합의 연산이 바로 여기서 나온 거야. 불이 수학의 집합과 논리학을 연결시켜서 현실에도 적용할 수 있게 만든 거지. 앞의 예에서 만약에 수학을 포기했거나 또는 스마트폰이 있는 학생을 찾는다면 그건 합집합(∪)이 되겠지? 이런 경우 불의 방식에서는 + 기호를 써서 $x+y$라고 표시해.

이렇게 논리와 집합이 만나다보니 원래는 참과 거짓을 판단하는 용도로 쓰였던 명제도 집합과 연관이 되어서 집합의 세계로 들어오게 되었어. 이건 수학 I에서 n분의 1 얘기할 때 잠깐 나왔던 페아노의 업적인데 페아노가 합집합의 + 기호를 우리가 명제에서 보는 ∨, 교집합의 × 기호를 ∧ 기호로 바꿔서 쓰게 된 거야.

무슨 얘기냐고? 명제 공부하면서 이런 표 많이 봤지? 명제란 "거짓인지 참인지 판단할 수 있는 주장이나 판단"이야.

p	q	$p \lor q$	$p \land q$	$\sim p$
T	T	T	T	F
T	F	T	F	F
F	T	T	F	T
F	F	F	F	T

좀 전에 예를 든 것에서 봤듯이 여기 나오는 논리합(∨), 논리곱(∧), 부정(~)은 집합 기호로 보면 각각 합집합(∪), 교집합(∩), 여집합(^{c})이 되어버려. 불이라는 수학자 덕분에 집합과 명제는 결국 같은 뿌리를 가진

형제관계가 된 거야. 또 이것을 통해서 집합이 논리적 사고를 하는 기본 도구가 된 것이고. 명제와 합성명제 부분은 교과서를 봐도 쉽게 알 수 있으니 그냥 넘어간다. 오케이?

우식이 : 그래도 이해가 안 가. 집합에서는 구분을 할 때 그것이 어떤 특정한 집합의 원소이냐 아니냐를 따지는 거고 명제는 참이냐 거짓이냐를 따지는 건데 이 둘이 어떻게 같다는 거지?

불량 아빠 : 편법이지만 집합에서는 집단에 초점을 맞춘 것이고 명제는 집합의 원소에 초점을 맞춘 것이라고 생각하면 쉬워. 앞의 예를 다시 보자면 수포자 집단인 x와 스마트폰 보유자인 y의 교집합은 동현, 태인이었지? 이제 "동현이는 수포자다"라는 명제를 p라고 하고 "동현이는 스마트폰을 가지고 있다"라는 명제를 q라고 두면 $p \wedge q$는 T(진실)가 된다 이거야. 집합으로도 확인되지만 명제로도 확인할 수 있어. p와 q가 모두 T(진실)이니까.

그런데 방금 동현이가 수학을 포기하지 않기로 했으니 동현이를 x집합에서 빼고 다시 보면 어떨까? 이제 p는 F(거짓)이고 q는 T(진실)가 된 거야. 이 경우의 교집합에 동현이는 더 이상 없을 테니 $p \wedge q$는 이제 F(거짓)가 되는 거지.

어때? 집합과 명제가 한끗 차이로 다르지만 논리적으로 비슷하다는 느낌이 오지 않니?

우식이 : 그런 것 같긴 한데, 이 씁쓸한 기분은 도대체 뭐지?

불량 아빠 : 수학 I을 설명할 때 수학이 복잡한 현실을 단순화해준다고 한 것 기억나지? 집합과 명제의 개념은 정확성을 높여줘. 이제 우리는 복잡한 현실을 단순화하면서 정확하게 만드는 도구를 얻게 된 거야.

고등학교에서 배우는 집합과 명제의 내용은 그리 깊게 들어가지 않아서 별로 어렵지 않아. 그래서 혹시 이런 게 실생활에 큰 도움이 될까 하는 의심이 들지 모르지만, 대학에 가서 조금 더 복잡한 문제를 다루다보면 이게 생각을 단순하고 명확하게 하는 데 도움을 준다는 것을 알게 될 거야. 예를 들어 법학대학원에 들어가는 시험에도 집합과 명제의 개념을 이용한 문제들이 나와. 특히 명제의 대우법을 통해서 우리가 이미 알던 사실의 다른 면을 발견하기도 하지. 그 실제 사례는 내일 한번 살펴보자.

'집합과 명제'는 고등학교 수학 중에서 노력 대비 성과가 큰 부분이니 확실하게 하고 넘어가렴.

Day 12

數의
체계와
집합

불량 아빠 ː 수의 체계는 수학 I에서 실수를 배울 때 잠깐 나오는데 설명이 시원치가 않아서 난 불만이야. 어떤 종류의 수가 있는지 표만 하나 달랑 보여주고 넘어가는 느낌이야.(30쪽 그림) 뭐, 실수의 성질, 닫혀 있다, 항등원 등을 짚고 넘어가기는 하지만 마음에 안 차. 그래서 특별히 오늘은 수의 체계를 공부해보고 또 이게 왜 집합과 연결되는지 알아보려 해.

사실 수학(數學)이 수(數)에 대한 학문이라고 해서 수학이라 부르는데 이 정도 예의는 차려줘야지. 우선 수의 체계와 함께 그 역사에 대해서 알아보자.

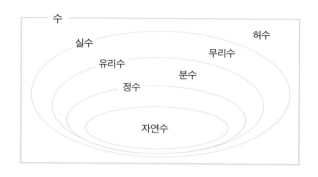

우식이 : 잠깐, 이거 시험에 나와? 아님 그냥 넘어갑시다. 우리가 얼마나 바쁜 사람들인데.

불랑 아빠 : 역시 우리 투덜이 우식이, 실망시키지 않는구나.

교과과정에 없는 걸 왜 배우냐면 앞으로 나오는 삼각함수나 로그함수, 그리고 무한급수도 수의 체계와 관련이 있고 결국은 극한, 미분과 적분이 다 수의 체계와 역사를 제대로 알아야 이해가 쉽기 때문이야.

수의 체계를 정확히 알면 고등학교 수학에서 배우는 내용들을 왜 배워야 하는지 이해하기도 수월해져. 하지만 교과서에 안 나오는 부분은 언제나 그렇듯이 우리 사촌형이 맡아서 할 거야. 오늘은 어려운 수학은 안 나오니까 걱정 안 해도 돼.

동현이 : 사실 저는 고등학교 수학을 살짝 보면서 실수와 수의 체계에서 궁금한 점이 있기는 했어요. 실수에 대해서 배운다고 해서 봤는데 죄다 무리수, 정수, 나누기 이런 것들만 나오더라고요.

모태솔로 사촌형 : 그래, 잘 짚었다. 그게 다 이유가 있긴 한데, 기본적으로

시간이 모자라서 중요한 것만 추려내다보니 그런 거야. 일단은 수라는 것이 뭔지 정리를 하고 들어가자. 자연수, 정수, 유리수, 무리수, 실수, 허수가 뭔지는 이미 알고 있으니 오늘은 무리수와 초월수를 자세히 들여다보자. 로그와 삼각함수에 나오는 수들, e, π, 그리고 대부분의 자연로그, 삼각함수…… 이런 것들이 초월수야.

고등학교 들어와서 초월수를 새로 배우면서 수학에 대한 이해도가 한 단계 올라가기는 하는데, 한편 이런 것들이 여러 사람을 수학 포기자로 만들기도 하지. 알고 보면 별것도 아닌데 말이야.

일단 우리 인간이 어떻게 손가락으로 자연수를 세기 시작하면서 초월수를 사용하는 데까지 발전했는지 가볍게 한번 짚어보자. 인간의 수에 대한 이해도가 넓어지던 과정의 내막을 잘 알고 있으면 그것이 어떻게 우리 고등학교 수학 교과과정에 영향을 미치는지도 알 수 있을 거야.

자연수에서 무리수까지 : 수(數)의 역사

모태솔로 사촌형 : 인류 역사가 시작되면서 인간은 수라는 것을 접했는데, 당연히 숫자를 세는 것에서 시작했어. 일단 어린아기가 하듯이 자신이 소유한 물건의 수를 세기 시작했을 거야. 닭 세 마리, 몽둥이 두 개 이런 식으로. 이게 바로 자연수(N)인데 여기서는 더하기, 곱하기까지 자연스럽게 발전해. 닭 세 마리 더하기 닭 두 마리는 다섯 마리, 동굴이 세 개 있는데, 각 동굴마다 닭이 세 마리 있으면 모든 닭의 수는 아홉 마리……. 뭐이 정도는 원시인도 할 수 있었다 이거야.

빼기부터는 조금 어려워졌지. 쉬운 것도 있지만 예를 들어 닭 다섯 마리에서 닭 다섯 마리를 빼는 걸 어떻게 설명할까? 게다가 이번엔 열 마리를 빼면 문제가 더 복잡해졌어. 이걸 해결하는 데 시간은 좀 걸렸지만 알다시피 우리 인간들은 0과 음수의 개념을 만들어내서 보기 좋게 해결했어.

자, 여기까지는 쉬웠어. 여태까지는 상대적으로 쉬운 질문인 **"몇 개인가 (how many)?"**의 문제를 다룬 거야. 이 문제는 그냥 숫자를 세면 해결돼. 그런데 이제 좀 더 어려운 개념이 등장한다. 바로 **"얼마인가(how much)?"**의 문제야. 앞의 "몇 개인가?"의 문제는 그냥 모 아니면 도의 개념으로 깔끔했잖아? 닭이 세 마리이거나 아니거나 둘 중의 하나야. 그런데 "얼마인가?"의 문제는 지저분해. 측정을 해야 하거든. "몸무게가 얼마인가?" 하는 문제도 간단해 보이지만 그렇지 않아. 이것은 측정을 해야 하고 측정을 하려면 얼마나 정교하게 측정할 것인지를 정하는 과정을 거쳐야 해.

또 자신이 소유한 땅의 크기를 재보고 자기 마을과 다른 마을의 거리를 재보는 등 실제로 측정을 하다보니 분수 또는 비율로 표현할 수 있는 수가 필요해지게 되었어.

그래서 등장한 수가 분수, 즉 유리수(Q)야. 유리수는 그동안 알았던 자연수나 정수와는 성질이 근본적으로 달랐어. 자연수에서는 무한의 수가 끝에만 한 번 존재했고(1, 2, 3, …, 무한) 정수에서는 음수와 양수의 양끝에 두 번 존재했는데 유리수에서는 이제 어디서든 무한이 존재하는 거야. 무슨 말인지 알겠지?

동현이 : 네, 유리수는 어떤 유리수와 또 다른 유리수 사이가 아무리 가깝더라도 그 사이에 새로운 유리수를 끼워넣을 수 있다는 말 아닌가요? 그렇게 배운 것 같은데……

이상고의 뼈

기원전 2만 년경 구석기인들이 수를 센 기록으로 보이는 동물뼈. 콩고 호숫가에서 발견된 이 개코원숭이의 뼈에는 눈금이 여러 개 그어져 있다. 숫자 기호가 없던 이 시대에는 돌멩이를 모으거나 동물뼈, 나무 조각 따위에 선을 그어 개수를 셌다. 지금 우리가 쓰는 십진법 체계, 즉 0부터 9까지의 10개 숫자로 수를 나타내는 방법은 지금으로부터 1500년 전에 인도에서 처음 나타났다.

고대 이집트인들의 측량

인류가 농사를 짓게 되면서 측량은 중요한 문제로 떠올랐다. 나일 강 하류 비옥한 토지를 중심으로 농경문화를 꽃피운 이집트 문명은 수확한 농작물의 양, 땅의 넓이를 정확하게 계산하는 과정에서 수와 산술, 기하를 발전시켰다. 고대 이집트 왕국은 농작물의 수확량이나 토지 면적에 따라 세금을 거둬들였는데 이 과정에서 '분수'가 만들어져 사용되었다. 그림은 이집트의 서기관이 밀 수확량을 계산하여 종이에 기록하는 모습을 담은 벽화의 일부다. 기원전 16~14세기경 벽화로 추정된다.

피타고라스와 유리수

고대 그리스의 수학자이자 철학자였던 피타고라스(기원전 580~기원전 500)는 만물의 근원을 '수(數)'로 보았으며, 세상의 모든 수를 유리수로 나타낼 수 있다고 믿었다. 유리수는 영어로 rational number이다. ratio는 이성, 비율을 뜻하는 라틴어이지만 여기서는 비율이라는 뜻으로 쓰여 '두 정수의 비로 나타낼 수 있는 수'가 곧 유리수이다. 이와 다르게 '두 정수의 비로 나타낼 수 없는 수'는 무리수이다. 피타고라스 학파는 변의 길이가 1인 정사각형의 대각선 길이를 구하는 과정에서 정수와 정수의 비로 나타낼 수 없는 수, 즉 무리수를 발견했지만 무리수의 존재를 인정하지 않았다.

모태솔로 사촌형 : 맞아. 예를 들면 $\frac{1}{1000}$ 과 $\frac{1}{1001}$ 사이가 가깝지만 그 사이에 $\frac{2}{2001}$ 를 집어넣을 수 있고 이외에도 얼마든지 다른 수를 집어넣을 수 있어. 그 안에 들어갈 수 있는 수는 무한개지.

그러다보니 현실에서 무언가의 길이를 측정할 때 아무리 정확한 측정 기기를 쓴다고 해도 딱 떨어질 수는 없는 것이고 어느 정도는 근사치를 사용할 수밖에 없어. 우식이 키를 재보려고 해도 센티미터, 밀리미터까지 갔다가 적당한 선에서 결정을 내려야 한다 이거지.

우식이 : 한마디로 "얼마인가?"로 질문이 바뀌면서 인생이 아주 피곤해진 거구만.

모태솔로 사촌형 : 그렇지. 하지만 그만큼 인간이 수를 다루는 능력이 정교해지기도 했지. 너희들은 이미 유리수를 다루는 정교한 능력을 가지고 있어. 피자를 우리 셋이서 나눠 먹을 때 공평하게 하려면 $\frac{1}{3}$ 로 나눠야 한다는 것쯤은 알잖아?

아무튼 이집트, 바빌로니아 사람들이 최초로 분수를 이용해서 땅 넓이를 재곤 했다는 기록이 남아 있는데 실제 분수를 제대로 활용하고 한 차원 발전시킨 사람들은 고대 그리스 사람들이야, 특히 피타고라스.

피타고라스는 세상의 모든 것이 분수 즉 유리수로 표현될 수 있다고 생각했고 수학과 철학의 근본을 유리수라고 주장했어. 또 음악이 만물의 원리를 나타낸다고 생각하고 악기의 소리와 음정 등 비율에 집착했는데 2:1, 3:2, 4:3의 비율이 음악의 완벽한 간격이라고 말했어. 피타고라스 철학의 핵심은 나눠서 맞아떨어지는 유리수가 세상을 지배한다는 것이었지. 이들에게 세상은 항상 조화롭고 논리에 맞아떨어진다는 믿음이 있었 단다. 이렇게 생각하면 세상이 아름답고 뭔가 조화롭다는 확신이 들어서 였는지 꽤 오랫동안 사람들이 이런 믿음을 가지고 있었어.

동현이 : 아니, 그럼 세상이 그렇지 않다는 건가요?

모태솔로 사촌형 : 세상이 그렇지 않은 건 너희들이 학교 졸업하고 사회에 나가보면 알게 될 거야. 수학도 다르지 않아. 미적분을 다루면서 본격적 으로 말하겠지만 수학이 발전하면서 수학의 목표는 과거 정확하게 맞아 떨어지는 답을 구하고자 하는 것에서 필요한 만큼만 정확한 답을 찾는 쪽 으로 바뀌었어. 그러면서 더욱 발전하기 시작했고.

우식이 : 이제 좀 수학에 관심을 가지려고 했는데, 이 정체 모를 배신감 은 뭐지? 수학이 정확하고 맞아떨어지는 학문이 아니었다고?

모태솔로 사촌형 : 미안하다. 수학은 정확하기도 하면서 그렇지 않기도 하 단다. 사실 수학은 정확한데 인간이 그렇지 않기 때문인데, 이게 수학의 묘미야. 그동안 너희들이 배웠던 건 사실 산수였고 그 묘미를 이해해가는 과정이야말로 진정 수학을 시작하는 것이라고 할 수 있어.

다시 피타고라스로 돌아와서, 피타고라스가 유리수를 신봉한 것은 유 리수가 그 전까지 알던 자연수와는 성질이 완전히 달랐기 때문이었어. 피 타고라스 학파는 유리수 사이에는 무한개의 유리수가 들어갈 수 있으니 이런 측정의 문제를 유리수가 해결해준다고 자신했고, 촘촘하게 존재하는 유리수만으로 세상의 모든 것을 설명할 수 있다고 믿었지.

그런데 글쎄, 그런 믿음이 깨지는 사건이 발생해버려. 변의 길이가 1인 정사각형의 대각선을 구하려다보니 유리수 사이에 유리수가 아닌 수가 발견된 거야.

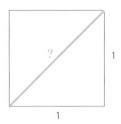

피타고라스 정리에 의해 $x^2 = 1^2 + 1^2 = 2$가 되니 $x = \sqrt{2}$야. 그런데 $\sqrt{2}$ 는 분수나 비율로 표현할 수가 없어. 이러한 발견은 피타고라스 학파를 혼란에 빠트렸지. 피타고라스 학파 회원들은 이 사실이 세상에 알려지는 순간 세상의 질서가 무너진다고 믿고 무슨 수를 써서라도 숨기려고 했어. 그래서 이 사실을 세상에 알리려 했던 히파수스(Hippasus)를 배 타고 놀러 가자고 유인해서는 바다에 떨어뜨려 숨지게 했다고 해.

하지만 항상 그렇듯이 비밀은 영원하지 못했고 사람들이 이 분수로 표현할 수 없는 무리수의 존재를 알게 됐어. 유클리드 기하학에서도 무리수가 언급되었고 일반인들도 무리수의 존재를 알게 되었지만 무리수 에 대한 정확한 설명은 1872년이 되어서야 데데킨트(Richard Dedekind)에 의해서 이루어졌어.

우식이 : 그럼 히파수스는?

모태솔로 사촌형 : 히파수스는 이름만 남기고 그렇게 사라졌지. 자, 이제 무리수와 초월수에 대해서 본격적으로 공부해보자.

무리수와 초월수, 그리고 실수(實數)

모태솔로 사촌형 : 유리수와 이 문제의 무리수를 모두 합친 수가 바로 실수 (R)야. 실수(real number)라는 단어를 처음 사용한 건 데카르트였는데 그 땐 허수와 구별하기 위해서였고, 그 후 정확한 개념정의 없이 쓰였어. 실수의 개념을 정확히 잡은 사람은 어제 집합 이야기에서 잠깐 봤고 잠시 후 본격적으로 보게 될 칸토어였지.

단순히 보자면 실수는 그냥 소수로 표현될 수 있는 수라고 보면 되는데 소수에는 유한소수, 순환소수, 무한소수가 있지. 유한소수와 순환소수는 항상 유리수야. 예를 들어 1.4는 $\frac{7}{5}$, $0.2727\cdots = \frac{3}{11}$ 이지. 무한소수가 바로 무리수인데, 현실에서 길이를 측정한다거나 할 때는 유리수만 있으면 충분해. 아까 말했듯이 근사치를 이용하면 원하는 만큼 정확하게 측정할 수 있어. 그런데 이제 무리수까지 알고 있으니 수학자들은 인간이 수를 완전히 정복했다고 생각했지.

그런데 수라는 것이 만만한 놈이 아니었어. 그리스 수학자들은 세상에 존재하는 모든 수를 하나의 선 위에 나타낼 수 있다고 봤는데, 유리수만 있으면 이 선을 꽉 채울 수 있다고 생각했어. 유리수 자체도 무한하기 때문에 충분하다고 보았던 거지. 그런데 시간이 지나면서 사람들이 무리수의 존재로 인해 유리수만으로는 하나의 선을 꽉 채울 수 없다는 걸 알았어. 그래서 후대 학자들은 무리수도 수의 체계에 넣었지.

이렇게 무리수와 유리수를 더한 것을 실수라고 이름짓곤 '이제 다 됐다'라고 생각했는데, 또 구멍이 생기게 돼.

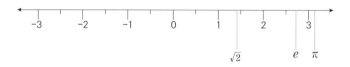

새로운 구멍을 발견한 건 수학자들이 미적분을 엄밀히 증명하면서였어. 위의 그림에서 보이는 e와 π가 구멍들이야. 애들은 무리수이면서 또 초월수거든. 초월수의 존재는 미적분을 발명했던 라이프니츠도 알고 있었지만 그 당시엔 신경을 쓰지 않고 있었어.

이런 새로운 사실을 발견한 사람은 바로 리우빌(Joseph Liouville)인데 초월수의 존재를 증명했지. 그게 1844년이었는데 그 사이 우리 인간들이 조금 성숙해진 건지 이걸 발견한 리우빌을 히파수스처럼 바다에 밀어넣거나 하진 않았어.

초월수를 설명하기 위해서는 대수적인 수(algebraic number)가 뭔지 우선 알아야 해.[1] 대수적으로 설명할 수 없는 수가 초월수거든.

우리가 초등학교에 들어와서 여지껏 배운 수는 모두 대수적으로 설명이 되는 수야. 예를 들어 $-1, \frac{2}{3}, \sqrt{2}$를 봐봐. 자세히 보면 이것들은 각각 $x+1=0, 3x-2=0, x^2-2=0$의 x값들과 같아. 심지어 허수인 $i=\sqrt{-1}$도 $x^2+1=0$으로 대수적으로 표현되지.

쉽게 말하자면 우리가 알고 있는 사칙연산을 이용하고 수학 I에서 배운 방법들을 이용해서 지지고 볶으면 나올 수 있는 수는 대수적인 수라는 거고 그래도 안 되면 초월수라는 거야.

우식이 : 그러니까 정리하자면 "=0"이 되는 방정식을 만들고 미지의 수 x를 답으로 풀어낼 수 있다면 그건 대수적인 수가 된다는 거 아니유.

모태솔로 사촌형 : 그렇지. 여기서 "=0"이 있는지 없는지를 잘 봐둬. 이것이 없이 그냥 다항식의 형태인 경우는 우리가 며칠 후 즐겁게 공부할 무한급수의 형태를 갖게 되거든. 보통 초월수는 인간이 인식하기 어려운 수라서 대개 무한급수의 형태로 표현되었고 옛날에는 무한급수도 다항식이라고 취급했어. 특히 뉴턴은 모든 수를 다항식으로 표현하는 것을 좋아했었는데, π 역시 $3.1415\cdots$는 $3\times1+1\times\frac{1}{10}+4\times\frac{1}{100}+1\times\frac{1}{1000}+5\times\frac{1}{10000}\cdots$ 같은 식으로 표현했었지.

여기서 잠깐 한마디. 내가 여러 번 다항식과 방정식이 고교수학의 기초라고 했지? 함수도 그렇고 이렇게 (대부분의) 수도 다항식으로 표현될 수 있기 때문이야. 다항식으로 표현되면 우리가 다루기 쉬워지는데 다항식은 거의 모든 함수와 모든 수를 대수적으로 표현할 수 있어. 다만 초월수

---

1   Eli Maor, e: *the story of a number*, 191쪽.

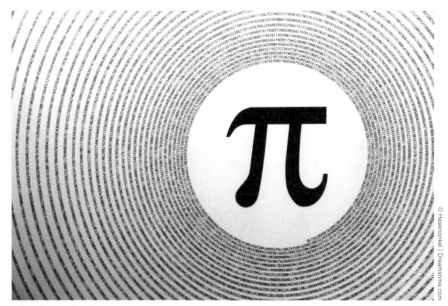

원주율(π)

3.14159 26535 89793 23846 26433 83279 50288 41971 69399 37510 58209 74944 59230 78164
06286 20899 86280 34825 34211 70679 …

근사값 3.14로 알려진 원주율은 그 끝을 알 수 없는 수다. 소수점 아래의 숫자가 순환하지 않고 끝없이 이어지는 이러한 특징 때문에 원주율은 '무한소수'로 분류된다. 수수께끼 같은 이 수는 1882년 '초월수'라는 이름도 얻게 되었다. 1882년 독일의 수학자 F. 린데만은 원주율이 방정식으로 구해질 수 없는 수, 즉 대수적으로 표현할 수 없는 '초월수'라는 것을 증명했다.

만 빼고. $3\sqrt{1-\sqrt{2}}$ 같이 복잡해 보이는 무리수도 대수적인 표현으로 $x^6 - 2x^3 - 1 = 0$이라고 쓸 수 있어. 무리수 다루는 법은 연습했을 테니 이 문제는 복습하는 겸 한번 풀어보도록.

자, 그럼 대수적인 수가 아닌 건 뭐가 있을까? 우선 모든 유리수는 대수적인 수야. 그러므로 대수적인 수가 아니면 그 수는 유리수가 아니지. 이게 명제에서 나오는 '대우[2]'가 실제로 쓰인 사례야.

집합과 명제가 생각보다 자주 쓰인다고 했지? 실제로 수학자들은 이 대우를 이용해서 대수적이지 않은 무리수가 있을 거라고 추측을 했는데 그걸 리우빌이 찾아낸 거야. 예를 들면 이런 수들이 있지.

$$\frac{1}{10^{1!}} + \frac{1}{10^{2!}} + \frac{1}{10^{3!}} + \frac{1}{10^{4!}} + \cdots \text{ 또는 } 0.12345678910111213\cdots$$

실수지만 대수적으로 계산할 수 없는 수를 초월수라고 했는데 위의 수는 리우빌이 초월수의 존재를 증명하기 위해 만들어낸 수였어. 초월수 중에서 수학자들이 관심을 가진 건 그동안 무리수로만 알려졌던 π와 e 그리고 삼각함수를 통해 얻게 되는 수들(예를 들면 $sinx$)이었지.

무리수와 초월수가 세상을 지배하고 있다

모태솔로 사촌형 : 이제 초월수가 등장하면서 수의 체계는 다음과 같이 그려졌어.

---

2   명제 p → q가 참이면, 그 대우 ~q → ~p도 참입니다. 다시 말해 명제 'p이면 q이다'가 참이면, 그 대우 'q가 아니면 p도 아니다'도 참입니다.

그런데 이렇게 구분을 하고 나서 또 다른 놀라운 사실이 발견됐어. 이 무리수와 초월수가 우리에게 익숙한 자연수나 유리수보다 사실은 더 많이 존재한다는 거야.

또 얼핏 보면 모두 다 무한개가 존재하는 것처럼 보였던 수들이 크기를 비교해보니 차이가 어마어마하게 났던 거야. 유리수보다 무리수가 훨씬 많고 또 무리수 중의 대부분은 초월수로 되어 있다는 사실이 증명된 거지. 놀랍지 않니?

실수의 체계는 다시 이렇게도 표시할 수 있어.

이걸 발견하고 증명해낸 인물이 바로 칸토어야. 숫자 중 초월수가 가장 많다는 것을 증명하는 과정에서 집합의 개념이 정립된 것이고.

칸토어가 1874년에 이런 내용을 발표했는데, 당시 자연을 정복했다고 우쭐했던 인간이 이해할 수 있었던 수는 정작 수의 세계에서 극히 일부일 뿐이라는 사실이 밝혀진 거야. 칸토어는 우리 인간이 익숙히 다룰 수 있는 숫자가 사실은 얼마 되지 않고 우리가 아는 수들보다 훨씬 많은 모르는 수들이 존재하고 있다는 것을 집합과 무한의 개념을 통해 증명했어.

그 많은 초월수 중에 인간이 그나마 알고 있는 것은 e와 π, 로그함수, 삼각함수 일부뿐인데 하나같이 신기하기도 하면서 수학과 과학에 도움이 많이 돼. 얼마 안 되는 귀한 것들이니 수학자들이 가만히 안 두겠지? 이리 저리 뜯어보고 연구를 했어. 수학자들은 e와 π, 삼각함수 등에 나타나는 초월수가 인간이 편하게 취급하는 분수나 수식으로 나타내기에는 너무나 아름답다고 표현하기도 했지.

그러나 칸토어가 처음 초월수 개념을 제시했을 때 많은 수학자들이 칸토어를 미친 사람 취급했어. 심지어 그의 스승이던 크로네커도 그에게 온갖 비난을 퍼부었어. 그러나 서서히 그의 이론이 수학계에 받아들여졌고 이런 새로운 발견으로 미적분 이후 자연의 법칙을 풀었다며 기고만장하던 과학자들이 조금은 겸손해졌어. 하지만 칸토어는 세상의 비난과 공격에 시달리다 정신병이 깊어진 뒤였고 1918년 쓸쓸하게 생을 마감해.

동현이 : 시대를 앞서간 불운한 천재였네요.

집합과 수의 체계

모태솔로 사촌형 : 이제 19세기 말 수학계를 뒤흔든 칸토어의 이론을 좀 더 살펴보자. 칸토어는 어떻게 무리수가 유리수보다 크다는 걸 집합의 개념을 이용해 알아냈을까?

오늘 배우는 부분은 교과서 내용엔 없지만 분량도 적고 개념도 쉬운 데다, 현대수학에서 그 의미도 크고 하니 고교수학의 전체적인 개념을 공부하는 우리가 안 봐주고 넘어갈 수 없지.

우리가 어제 배웠던 집합은 '소박한 집합이론(Naïve Set Theory)'이라고도 말하는데 여기서 'Naïve'는 '소박한'보다는 '단순한, 쉬운'이라는 뜻이 더 어울려. 가끔 집합이 다른 단원에서 배우는 내용과 연결도 안 되고 동떨어져 있다고 말하는 학생들이 있는데 전혀 그렇지 않아. 수의 체계에서 각종 수를 구분하고 정의할 때에도 집합의 개념을 이용하고 명제와 연결돼서 수학적 증명을 하는 데도 빠지지 않아. 우리가 방금 수의 체계를 만드는 데에도 집합/명제 개념을 이용해서 자연수, 유리수, 무리수 등을 구분했잖아?

칸토어가 각종 수들의 집합 간의 차이를 비교한 방법은 황당할 정도로 간단했어. 들어봐.

어린아이에게 어떤 물체가 3개 있다는 것을 보여준다고 해보자. 예를 들어 사과가 3개라는 사실을 보여주려면 쉬운 방법이 손가락을 하나씩 세어주는 거야. 첫째 손가락과 사과 하나를 대응시키고, 두 번째 손가락에 두 번째 사과를, 세 번째 손가락에 세 번째 사과를 대응시켜서 총 3개가 있다는 걸 알려줄 수 있어.

다시 말해, 일대일로 대응이 되면 2개의 집합의 크기는 같은 거야. 쉽지? 칸토어가 한 것도 바로 이거야. 예를 들어 자연수와 정수의 크기는 같아. 아래 표에서 보듯이 일대일 대응이 되거든.

정수	0	1	-1	2	-2	3	-3	4	-4	5	-5	6	-6	7	-7	⋯
자연수	0	1	2	3	4	5	6	7	8	9	10	11	12	13	14	⋯

같은 원리로 모든 자연수와 모든 짝수 자연수도 크기가 같아.

짝수 자연수	2	4	6	8	10	12	14	16	18	20	22	24	26	28	30	…
자연수	1	2	3	4	5	6	7	8	9	10	11	12	13	14	15	…

우식이 : 그러니까 모든 자연수와 모든 자연수 짝수의 크기가 같다는 거야? 말도 안 돼.

모태솔로 사촌형 : 말도 안 된다는 증거를 대봐. 나는 (사실 칸토어는) 방금 말이 된다는 증거를 댔잖아.

수학은 이렇게 말이 안 돼 보여도 논리적으로 맞는 것을 '참'으로 쳐줘. 현실에서 버젓이 일어나는 일도 논리적으로 틀리면 수학적으로는 틀린 거야. 그래서 미적분의 증명이 그리 오래 걸렸던 거고. 바로 어제 명제를 배우고서도 이렇게 고집을 부리면 곤란한데.

다시 칸토어로 돌아와서, 칸토어가 이와 같은 내용을 일반인이 보기 어려운 수학 논문으로 제출했다면, 이걸 쉽게 설명한 사람은 힐베르트 (David Hilbert)였어. 그는 1924년 힐베르트 호텔[3]이란 가상의 호텔을 만들어서 설명했어. 위의 일대일 대응과 같은 개념인데 조금 다른 방식으로 이야기를 한 거지. 뭔지 한번 볼까? 이걸 바로 이해하면 아이큐가 꽤 높은 걸로 내가 인정하마. 사실 나는 무지 오래 걸렸거든.

힐베르트 호텔은 무한개의 방을 가지고 있어서 아무리 손님이 많이 와도 항상 빈방을 보장한다는 콘셉트를 마케팅 포인트로 잡아서 떼돈을 벌

---

3   http://opinionator.blogs.nytimes.com/2010/05/09/the-hilbert-hotel/?_r=0

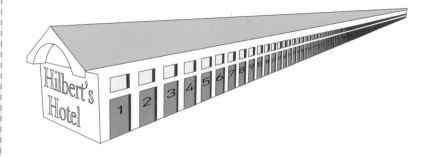

고 있는 호텔이야. 여지껏 방이 모자란 경우가 한 번도 없기로 유명한 호
텔이었지. 운영방식은, 보통 손님이 오면 1번 방의 기존 투숙객을 2번으
로 옮기고 2번 방 투숙객은 3번 방으로…… 이런 식으로 빈방을 확보하
는 거야. 무한개의 방이 끝이 없이 있으니 가능한 일이지. 칸토어의 일대
일 대응과 원리가 같지?

그런데 이 정도에서 끝냈으면 칸토어가 수학자로 이름이 남지 않았겠
지. 그는 이제 유리수의 집합과 자연수의 집합을 비교해. 유리수는 알다시
피 분수인데, 유리수가 자연수와 대응이 될 것 같니, 안 될 것 같니?

동현이 : 유리수가 자연수보다 훨씬 클 것 같은데요? 유리수와 유리수
사이에 무한개의 유리수를 넣을 수 있다고 했잖아요.

모태솔로 사촌형 : 예상 외로 답은 같다였어. 일대일 대응이 된다는 거야.
이걸 증명한 방법이 독특했는데 그 방법을 칸토어의 대각선화(Cantor's
Diagonalization Process)라고 불러. 그림을 보자. ‖ ‖ 안의 숫자는 대응되는
자연수인데 대각선을 따라서 유리수와 일대일 대응이 되는 거야. 또 분자
와 분모가 같은 $\frac{1}{1}$, $\frac{2}{2}$ … 등은 모두 1이 될 것이야.

$$\frac{1}{1}[\![1]\!] \quad \rightarrow \quad \frac{2}{1}[\![2]\!] \qquad \frac{3}{1}[\![5]\!] \quad \rightarrow \quad \frac{4}{1}[\![6]\!] \quad \cdots$$

$$\frac{1}{2}[\![3]\!] \qquad \frac{2}{2}[\![1]\!] \qquad \frac{3}{2}[\![7]\!] \qquad \frac{4}{2} \quad \cdots$$

$$\frac{1}{3}[\![4]\!] \qquad \frac{2}{3}[\![8]\!] \qquad \frac{3}{3} \qquad \frac{4}{3} \quad \cdots$$

$$\frac{1}{4}[\![9]\!] \qquad \frac{2}{4} \qquad \frac{3}{4} \qquad \frac{4}{4} \quad \cdots$$

$$\vdots \qquad\qquad \vdots \qquad\qquad \vdots \qquad\qquad \vdots$$

결국 유리수도 자연수와 크기가 같다는 것이 증명됐어.

피타고라스가 우주를 지배하는 수라며 신봉하던 유리수는 결국 자연수와 다를 것이 없는 수였어. 칸토어는 이러한 수들의 집합을 "셀 수 있는 무한(countably infinite)"이라 정의하고 알레프 놋($\aleph_0$)이라는 요상한 기호로 표시했어. 알레프($\aleph$)는 히브리어 알파벳의 첫글자이고 놋(naught)은 0이라는 뜻이야.

유리수와 자연수를 대응시키는 이 문제를 힐베르트 호텔을 들어서 다시 한 번 보자.

어느 날 저녁 호텔에 무한 명의 승객이 탄 무한개의 버스들에서 사람들이 내려서 방을 내놓으라고 아우성을 치고 있는 상황이 발생해.

해결방법은 이미 본 대로 대각선을 이용해서 대응을 시키는 것이야. 유리수에 분자와 분모 두 종류의 무한이 있는 점을 사람과 버스로 대체시킨 것뿐이니 그 성격은 같다고 봐야지.

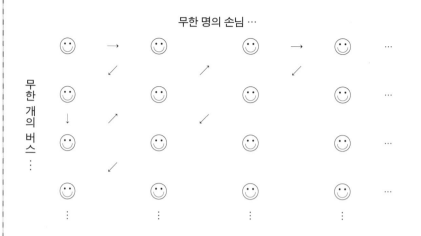

무한 명의 손님 …

무한 개의 버스 …

칸토어는 여기서 더 나아가서 이제 자연수와 실수를 대응시켜봤어. 그 것도 0과 1 사이에 있는 실수만으로.

예상했겠지만 실수는 자연수와 일대일 대응이 되지 않아. 즉 실수는 "셀 수 없는 무한집합"이야. 칸토어는 모순되는 점을 보여줌으로써 증명하는 방식인 귀류법(proof by contradiction)으로 증명을 했는데 앞의 것보다 아주 조금 복잡하니 잘 따라와.

우선 실수들의 집합이 셀 수 있는 무한집합이라고 가정을 해. 그러면 자연수와 일대일로 대응이 되어야만 해. 그리고 우리의 가정에 따라서 모든 0과 1 사이의 실수들이 아래 리스트의 어디엔가 존재하고 있어.

$$1 \quad \rightarrow \quad 0.500000000000\cdots$$
$$2 \quad \rightarrow \quad 0.276767676333\cdots$$
$$3 \quad \rightarrow \quad 0.141592653535\cdots$$
$$4 \quad \rightarrow \quad 0.456844456743\cdots$$
$$5 \quad \rightarrow \quad 0.832432423434\cdots$$

이제 이 리스트에 존재하지 않는 실수가 있다는 걸 증명하기만 하면 되는데, 칸토어는 이런 방법을 썼어.

우선 리스트의 소수단위의 대각선으로 내려가면서 숫자를 하나씩 선택해서 새로운 숫자를 만들어. 0.57183··· 그리고 이 새로운 수의 각 소수단위의 숫자에 1씩을 더해(9인 경우에는 0으로 바꾸고). 그러면 0.68294···가 될 거야. 이렇게 나온 새로운 수는 실수이면서 리스트의 어디에도 없는 수야. 처음 보면 엉성한 것 같지만 어떤 방법을 써도 일대일 대응이 되지 않아. 직접 해보면 알 거야. 결국 자연수와 실수는 둘 다 무한이지만 그 크기는 다르다는 것이 증명된 거야.

예를 들어보자. 만약에 $y=998x+2$라는 식이 있고 x는 $(0, 1)$의 범위를 가지고 있다면 그래프는 다음과 같아. 실제 그래프는 세로 길이가 훨씬 높아야 하겠지만, 설명을 위해서 내가 일부러 확 줄인 거야.

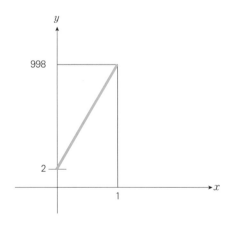

칸토어의 증명 덕택에 x, y가 실수라면, x의 범위가 $(0, 1)$이고 y의 범위는 $(2, 998)$일지라도 저 안에 다 들어갈 수 있어. $(0, 1)$이 $(2, 998)$보다 작지 않은, 사실은 동일한 크기의 무한집합이니까. 다시 말하면, 실수에

칸토어(1845~1918)
집합론을 창시한 독일의 수학자. 일대
일 대응 함수를 이용해 무한집합의 크
기를 비교한 것으로 유명하다. 무한에
도 '셀 수 있는 무한', '셀 수 없는 무한'
이 있음을 발견했다.

서는 (0, 1)이나 (0, 1000)이나 모두 셀 수 없는 무한집합이니 크기 차이가 없다 이거야.

우리 문학도 우식군이라면 이걸 사람의 키가 149센티미터이건 2미터이건 그 사람은 개개인으로서 동등하며 고귀하다 뭐 이렇게 표현할 수도 있겠지. 어떤 사람이건 노력만 한다면 머리에 넣을 수 있는 지식과 지혜는 무한하니까.

중요한 건 이런 실수의 성질이 보장되어 있지 않으면 며칠 후에 배울 미적분의 기법을 적용할 수 없게 되어버린다는 거야. 그때 가서 다시 말하겠지만, 실수로 이뤄진 꽉 차 있는 공간을 의미하는 것이 함수의 연속성이고 이 조건이 만족되지 못하면 미적분이 적용될 수 없어. 별거 아닌 것 같지만 이게 미분(적분)이 되느냐 마느냐를 결정하는 중요한 조건이야.

동현이 : 이런 걸 정확히 하기 위해서 수학문제들을 보면 항상 "x, y가 실수라고 할 때" 이런 문구들이 붙어 있었던 거군요?

모태솔로 사촌형 : 그렇지. 바로 그거야. 고등학교에 들어가서 시험문제들을 유심히 보면 그렇게 실수라고 조건을 주는 경우가 많은데 실수가 아니었다면 많은 문제들이 해답이 없을 수 있거든.

칸토어는 유리수와 실수 간의 차이가 나는 것은 바로 유리수보다 훨씬 많은 무리수가 존재하기 때문이라는 것을 밝혔고 또 대부분의 무리수가 초월수라는 것도 보여줬는데, 그건 여기서는 생략하자.

오늘의 교훈은 이거야. 우리 인간이 친숙하게 잘 알고 있는 수는 수의 세계에서 아주 작은 일부분일 뿐이고 오히려 인간이 잘 모르는 무리수와 초월수가 대부분을 차지하고 있어(인간이 아는 바로는 아직까지 그래). 우리는 이러한 수가 어떻게 생겼는지도 모르고 그냥 존재한다는 것만 알고 있는데, 그걸 아는 것만으로도 대단한 거야. 그래서 미적분이 생겨났거든.

동현이 : 그러면 0.999…와 1 사이에 우리가 모르는 엄청나게 많은 수들이 존재하고 있겠네요? 0.999…와 1은 같다고 들은 것 같은데? 뭐가 맞는 말인지 모르겠네요.

모태솔로 사촌형 : 동현이가 정곡을 찌르는구나. 며칠 있다가 극한을 배울 때 얘기할 내용이니 일단 넘어가는게 좋겠다. 조금만 참아줘.

아무튼 지금 할 수 있는 말은 나중에 배울 미적분이 가능했던 것도 이렇게 우리가 잘 모르는 수가 존재해서 무리수의 형태로 수의 체계를 지탱해주기 때문이라는 점이야.

함수가 연속이 아니면 미적분을 적용할 수가 없고 피타고라스가 그렇게 싫어했던 무리수가 없었다면 미적분은 존재할 수 없었던 거야. 우리가 고등학교에서 집합, 명제, 수의 체계, 실수의 체계, 함수 등을 배우는 가장 큰 이유는 이것들이 미적분, 그리고 수학을 이해하는 기본적인 토대를 제공하기 때문이야.

우식이 ： 그나저나 힐베르트 호텔은 여지껏 자연수, 유리수들한테는 어떻게 방을 잡아줬지만 실수들이 단체로 몰려오면 그냥 망하는 거네?

모태솔로 사촌형 ： ......

Day 13

함수

불량 아빠 : 고등학교 수학과정에서는 주로 함수의 성질과 종류(무리함수, 유리함수, 역함수 등), 그리고 2차 곡선과 관련이 많은 2차 함수를 비중 있게 다뤄. 함수도 집합과 마찬가지로 처음에 생소한 기호들이 많이 등장해. 몇 가지 기호들에만 익숙해지면 함수 자체는 배우기 그리 어렵지 않아.

동현이 : 함수는 중학교 때부터 나와서 친숙해요. 대략 뭔지 알 것 같고 여기저기 이미 많이 나오기도 하는데요, 저는 왜 함수를 함수라고 부르는지가 제일 궁금해요. 영어로 function이면 그 뜻이 우리말로는 기능, 작동

이런 건데, 뜻이 전혀 안 맞는 것 같아요.

불량 아빠: 그래, 함수를 시작하기 딱 적절한 질문이다. 우리가 며칠 전 2차 방정식을 배우면서 행렬부분에서 잠깐 합성함수를 말했던 것 기억하니? 거기서 아래와 같은 그림을 봤을 거야.

x

함수 f

y 또는 $f(x)$

그때 이걸 블랙박스 같다고 했었는데, 박스나 상자를 가리켜 함이라고도 부르지? 여기서 함(函)은 상자라는 뜻이고 함수는 한자로 函數라고 써. 블랙박스 같은 상자 속에 들어 있는 수라고 해서 붙여진 이름이지.

함수는 3가지 방법으로 나타낼 수 있어. 식으로 나타내거나(예를 들어 $f(x)=x^2$), 다음 그림처럼 그래프 혹은 집합 간의 대응관계로 나타내기도 해.

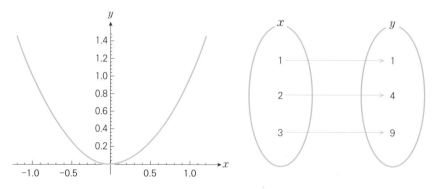

우식이 ⠸ 아니, 여태까지 배운 것들이 다 죄다 함수였네?

불량 아빠 ⠸ 그렇지. 우식이도 이제 감을 잡는구나. 식, 그래프, 집합이 있으면 우리가 배우는 수학에 나오는 거의 모든 걸 설명할 수 있지. 함수라는 이름의 유래는 간단하지만 함수의 내용은 생각보다 심오해서 우리가 배우는 수학 전반에 걸쳐 있어. 그리고 우리 실생활에도 알게 모르게 함수의 개념들이 사용되고 있지.

사실 함수도 집합, 명제와 함께 수학의 핵심 3총사가 될 수 있었는데, 함수 자체가 워낙 덩치가 커서 같이 끼질 못하고 독립해 나왔어.

함수는 수학의 역사와 함께 의미나 정의가 많이 변한 개념 중 하나인데 특히 미적분과 만나게 되면서 성격이 많이 변했어. 고대 바빌로니아, 그리스 시대에도 함수의 개념은 있었지만 공식적으로 함수(function), 변수(variable), 상수(constant)를 이름 짓고 개념을 정립한 사람은 다름 아닌 미적분을 발명한 라이프니츠였어. 알고 있겠지만 변수는 x나 y처럼 숫자를 대입할 수 있는, 변하는 숫자이고 상수는 예를 들어 $10, 24\cdots$ 같은, 변하지 않는 숫자들이야.

함수의 정의 : 함수는 어디에도 있고 어디에도 없다

불량 아빠 ⠸ 이렇듯 현대 수학에서 함수는 집합의 개념으로 설명하고 고등학교 수학에서도 집합을 이용해서 설명하는데, 대개 두 집합(x, y) 사이의 대응 즉 짝짓기를 통해서 함수관계가 성립한다고 말해.

그런데 이 짝짓기 과정에도 규칙이 있어. 다음 중 어떤 것이 함수일까?

우식이가 한번 맞혀볼래?

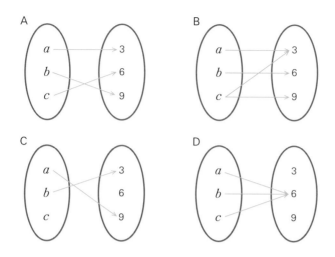

우식이 : A만 함수인 거 같아. 다른 것들은 일대일 대응이 아니거든.

불량 아빠 : A가 함수인 것은 맞는데 D도 함수야. B와 C는 함수가 아니야. 함수인지 아닌지 알아볼 때 다음과 같이 이해하면 가장 쉬워.

자, 우식이가 편의점에서 알바를 한다고 쳐봐. 사장님이 물건들에 가격표를 붙이라고 해서 표를 보고 대응관계를 만들었더니 물건과 가격의 대응관계가 다음 그림과 같다고 하자. 여기 문제가 있는 것은 어떤 것일까?

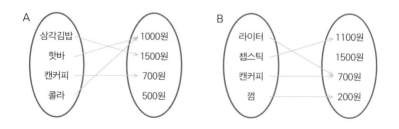

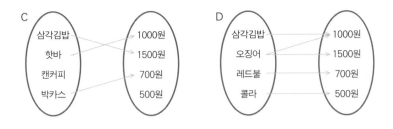

우식이 : 뭐 다 괜찮아 보이는데, 캔커피 가격이 없는 C가 문제네.

불량 아빠 : 잘 찾았다. 팔려는 물건에 가격이 없으면 안 되지. 그런데 D도 문제가 있어. 오징어 가격이 2개야. 1000원과 1500원. 누구는 1000원에 사고 누구는 비싸게 사고 그러면 안 되잖아. 우식이가 친구가 놀러왔다고 친구는 싸게 주고, 다른 손님은 비싸게 팔면 안 되지 않겠어? 그러니까 이건 함수가 아니야.

우식이 : 그럼 A에도 핫바와 콜라가 둘 다 1000원이니까 안 되는 거 아니냐?

불량 아빠 : 편의점에 가서 확인해봐. 핫바가 1000원인데 콜라가 1000원이 안 될 이유는 없잖아? 물건에 가격이 없거나 중복으로 다른 가격이 붙어 있으면 문제지만 서로 다른 물건이 가격이 같다고 문제가 되나?

이 편의점 사례가 함수를 정의하는 것과 똑같아. 물건을 X, 정의역이라고 하고 가격은 공역, 그리고 물건과 대응이 되는 가격을 치역이라고 하면 그것이 바로 함수야. 모든 것이 다 ~역으로 끝나지? 여기서 역은 집합을 의미하는 거야.

이렇게 함수는 우리 주변 어디에나 있어. 물론, 수학을 포기하고 관심을 안 가지면 전혀 딴 세상 얘기겠지만. 내가 그랬지? 아는 만큼 보인다고.

함수의 수학적 의미

불량 아빠 : 함수는 인간이 자연현상을 시간에 따라 관찰한 기록을 남긴 것에서부터 유래되었어. 고대 그리스에도 그 개념이 있었지만 특히 갈릴레오가 (이미 라이프니츠 이전에) 움직이는 물체의 시간에 따른 이동을 기록하면서 수학공식을 남긴 것을 계기로 함수 연구가 발전한 거야.

"수학공식이란 어떤 사물의 함수적인 관계를 대수적으로 나타낸 것이다"라고 널리 정의되고 있는데 "수학이란 그저 패턴을 연구하는 것이다"라고 주장하는 스탠퍼드 대학의 데블린(Keith Devlin)[4] 교수는 함수가 사물의 움직임의 패턴을 나타내주는 역할을 하여 미적분과 떼어낼 수 없는 관계라고 설명하기도 하지.

고등학교 수준에서 자주 보이는 함수는 대수적으로 표현될 수 있는 다항식 형태의 함수인데 때때로 유리함수와 무리함수의 형태를 보이기도 해. 자연현상이나 사회현상을 설명할 때에 공식은 대부분 유리함수와 무리함수가 섞여 있는 형태로 나타나는 경우가 많고 며칠 후 배울 삼각함수와 지수, 로그 함수가 더해지기도 하지.

---

4   Keith Devlin, *The Language of Mathematics*, 107쪽.

자연현상과 패턴

낮과 밤이 주기적으로 반복된다. 달은 한 달을 주기로 차고 기운다. 해수면은 하루 두 번 주기적으로 오르내린다. 사계절이 반복된다. 까마득한 먼 옛날부터 인류는 자연 속에서 반복되는 패턴을 감지해왔다. 인간은 자연의 주기적인 현상을 경험하며, 변화를 예측하고자 하는 욕구를 오래전부터 품어왔다.

모태솔로 사촌형 : 함수는 한마디로 식에 생명을 불어넣어주는 역할을 해. 어떤 면에서는 앞에서 봤던 집합/명제와도 연관이 있어. 어떻게 연관이 있는지 잘 들어봐.

x^2+3x-2라는 식이 있다면 이것은 x가 어떤 값을 갖기 전까지 아무런 의미도 없어. $f(x)=x^2+3x-2$와 같은 형식이 되어야만 $x=2$일 때 $f(x)=8$이라는 값을 갖게 되고 그제야 비로소 의미가 부여되는 거야. "동현이는 항상 우식이가 공부한 시간(x)보다 1.5배 더 공부한다($y=\frac{3}{2}x$)", "우식이는 동현이보다 2배 더 많이 먹는다($y=2x$)" 등 어떤 수치들이 의미있는 관계로 연관을 맺게 되면 함수가 정의될 수 있다는 거지.

불량 아빠 : 현실의 문제를 함수로 정의할 때 집합이 빠질 수 없는데 예를 들어 우식이의 하루 공부량이 x라는 변수로 표현된다면 x는 S라는 집합의 원소가 될 것이고 이 집합 S는 $0\leq x\leq24$라는 구간을 가질 거야. 그리고 x라는 변수는 연속변수가 돼.

대부분의 자연현상은 시간이라는 기준 자체가 연속의 성질을 가지고 있기 때문에 연속변수로 표현되는데 연속인 경우 정수보다는 유리수, 유리수보다는 무리수나 초월수로 표현되어서 유리함수, 무리함수, 초월함수로 정의되는 경우가 많아. 이미 말했듯이 우리에게 익숙한 자연수 등의 대수적인 수보다 초월수가 더 많기 때문에 자연현상을 설명할 때는 무리함수, 초월함수 같은 함수가 더 많아. 그래서 물리학 공식이 복잡해 보이는 로그나 e, 이런 것들을 포함하고 있는 거지. 알고 보면 복잡한 것도 아니지만.

모태솔로 사촌형 : 함수는 수학적으로 해석하기도 하고 물리학적으로 해석하기도 하는데 수학에서는 함수를 구성하는 변수, 예를 들어 x와 y가 서로 영향을 주지 않는다고 가정하고 있어. 우식이의 하루 공부량이 동현이의 하루 공부량에 영향을 미치지 않는다고 보는 거지.

즉 우식이와 동현이의 공부량은 대응관계로만 존재한다고 본 거야. 한편, 물리학에서는(경제학 등 사회과학에서도 마찬가지지만), 종속변수와 독립변수를 구분해서 각 변수가 인과관계를 가지고 있다고 해석하는 경우가 많아. 다시 우리의 예를 들면, 우식이의 공부량 x(독립변수)가 동현이의 공부량 y(종속변수)에 영향을 미친다는 거지. 이런 경우 보통 함수를 $u = f(x)$와 같은 식으로 쓰는데 동현이의 공부량 u가 독립변수인 우식이의 공부량 x에 종속되어 있다는 뜻으로 보는 거야.

불량 아빠 : 사촌형이 또 어려운 얘기를 하는구나. 언제나 그렇듯이 사촌형 이야기는 이해해보려 최대한 노력하고 그래도 안 되면 일단은 넘어가.

함수의 변신은 무죄

모태솔로 사촌형 : 함수는 고대 바빌로니아, 그리스에서 천문학에 활용하던 원시 함수단계에서 시작해서 기하적 함수, 대수적 함수, 논리적 함수로 개념이 바뀌면서 발전해왔어. 이렇게 말하니 용어가 좀 거창한데, 설명 들어보면 다 아는 얘기야.

원시적 함수 단계에서는 자연의 변화를 관찰하고 자료를 정리하는 도구로 사용했어. 그 당시에도 이미 1차 함수, 2차 함수, 3차 함수와 같은 개념이 있었다고는 하는데 그저 단순히 자연현상을 기록하는 수준이었어.

17세기부터 시작된 **기하적 함수** 단계에서부터 라이프니츠가 함수라는 이름도 짓고 우리가 현재 사용하는 함수와 유사한 모습을 보였어. 우리가 수학 I에서 공부했던 평면좌표가 나온 이후 주로 곡선을 중심으로 곡선의 접선, 곡선 아래의 넓이 등을 다루면서 초기 미적분까지 이어지는 내용들을 설명하는 역할을 한 것이 바로 기하적 함수야.

대수적 함수 단계는 비에트에서부터 시작했어. 비에트가 16세기 사람이니 대수적 함수가 오히려 시작된 시기는 기하적 함수보다 빠르고 더 오래 지속된 거야.

여기서 오일러가 종속변수(보통 y)와 독립변수(보통 x)를 구분하기도 했는데 이때 함수를 정의하는 핵심요인은 각 변수의 변화와 상관없이 이 변수들이 어느 정도 서로 연결될 수 있는지 하는 여부였어. 무슨 말이냐 하면, 그래프가 그려지지 않아도 대수적으로 조작을 할 수 있고 해석이 되면 함수로 취급한다는 말이야. 우리가 배우는 합성함수와 역함수의 개념이 여기에 포함된 거야.

마지막으로 **논리적 함수** 단계는 너무 복잡해지던 대수적 함수를 단순화하면서 나타났어.

두 변수가 대응이라는 논리적 조건만 만족시키면 된다고 정의한 거야. 19세기 독일의 수학자 디리클레(Peter Gustav Lejeune-Dirichlet)가 디리클레 함수를 소개하면서 만든 새로운 정의였지. 그는 자신의 논문에서 "주어진 구간에서 x의 각 값에 y의 유일한 값이 대응하면 y는 x의 함수"라고 썼어. 오늘날 우리가 알고 있는 함수의 정의와 그 내용이 아주 비슷하지.

디리클레는 향후 수학자들이 함수와 집합을 연관시킬 수 있는 단초를 제공했어. 함수는 이제 집합 내 원소 간의 대응으로도 정의 내려. 집합적 함수 개념도 포함된 이 정의는 우리가 지금 배우는 함수의 정의와 같아. 이런 접근은 집합을 통해 실수의 구조를 엄밀하게 정의했던 칸토어 등의 주장과도 일맥상통해.

이것이 바로 아주 짧은 함수의 역사야. 이렇게 함수라는 것의 성격은 고정되어 있는 것이 아니라 수학의 발전에 따른 변천과정을 함께 거치면서 종속관계에서 대응으로, 동적(動的)인 성향에서 정적(靜的)인 성향으로, 규칙적인 것에서 불규칙적인 것으로 변한 거야. 앞으로도 수학이 발전하는 한 또 바뀔 것이고.

참고로 앞에서 설명한, 함수(函數)라는 이름이 정해질 때는 대수적 함수단계였어. 그래서 상자 안의 수라는 의미가 있는데 지금은 논리적 함수 개념을 쓰고 있으니 우리 똑똑한 동현이가 헷갈려했던 것이 당연하지.

Day 14

함수:
유리함수,
무리함수,
역함수

불량 아빠 : 함수의 그래프는 수학 I, 특히 2차 방정식의 그래프에서 지겹도록 봤지만 오늘 간단하게 몇 가지만 더 보자. 수학 I 다룰 때 말했지만 이것도 역시 데카르트가 평면좌표를 소개한 이후 수많은 수학자들이 거의 동시에 내놓은 내용들 중 하나야.

얼핏 설명한 적이 있는데 수학 I에서는 방정식을 중심으로 그림을 그려본 것이고 이제 여기서는 함수를 다루는 입장에서 이것을 집합의 개념과도 연결시켜보고 그래프도 그려보며 자세히 뜯어보자.

우식이 : 도대체 방정식과 함수의 차이가 뭐야? 왜 자꾸 비슷한 것들이

왔다 갔다 하면서 날 헷갈리게 하는 거야?

불량 아빠 : 오늘은 시작부터 불만이 많구나.

사실은 방정식이나 함수나 같은 것인데 고등학교 수학에서는 어떤 특징을 강조하냐에 따라 부르는 이름이 다른 것뿐이야.

예를 들어 2차 함수의 x절편의 개수는 2차 방정식의 근의 개수를 의미해. 둘이 같은 것이지만 이름을 다르게 부르면서 그 해석도 다르게 하는 거지. 그리고 식을 만들 때도 조금 다르게 표현하긴 해. 아래 표를 보면 한눈에 알 수 있을 거야.

2차식의 근의 종류	함수 형태로 표시	방정식 형태로 표시
2개의 실근	$y=a(x-\alpha)(x-\beta)$	$a(x-\alpha)(x-\beta)=0$
1개의 중근	$y=a(x-\alpha)^2$	$a(x-\alpha)^2=0$
허근	$y=a(x-h)^2+k$ ($a>0$, $k>0$ 또는 $a<0$, $k<0$)	$a(x-h)^2+k=0$

유리함수

불량 아빠 : 함수 중에는 유리수를 다루는 유리함수가 있는데, 분수함수라고도 불러. 분수함수란 간단히 분모에 x가 있는 함수인데, 주로 이런 형식이지, $y=\dfrac{a}{x}$.

분수함수는 특이하게도 쌍곡선과 유사한 모양을 하고 있는데 그렇기 때문에 점근선을 가지고 있어. 점근선은 열십자(+)모양인데 분수함수의 그래프는 거기에 한없이 가까워지려는 성질을 가지고 있어.

$y=\dfrac{a}{x}$가 있다고 할 때 점근선은 그냥 x축과 y축이 되는데, $a>0$이면, x와 y의 부호가 같아져서 1, 3사분면을 지나고 $a<0$이면 x와 y의 부호가 달라져서 2, 4사분면을 걸쳐 지나가.

고등학교에서 나오는 유리함수 문제들은 분수형태의 다항식을 다룰 수 있는지를 주로 시험해보는 문제들이야. 유리식만 잘 다루면 그리 어려운 문제는 없어. 분자와 분모에 있는 식을 잘 관찰하여 상수를 만들어주는 것이 핵심이야. 하나만 보자.

$$y=\frac{4x+5}{x+1}$$

이라는 유리함수를 그래프로 그리려면 어떻게 해야 할까?

동현이 : 우선 분모의 $x+1$과 같은 형태를 분자에서 찾아야 해요. $4(x+1)=4x+4$가 괜찮겠네요. 그러면 $y=\dfrac{4(x+1)+1}{x+1}$ 이 나오네요. 이제 정리하면 $y-4=\dfrac{1}{x+1}$ 형태로 바꿀 수 있고 그래프도 단순한 평행이동의 상태가 되는 거죠.

불량 아빠 : 그렇지, 결국 $y=\dfrac{1}{x}$인 그래프를 평행이동한 것뿐이야. 그래프로 나타내면 다음과 같지.(70쪽 그림) 점근선도 이동한 걸 확인해봐. 그리고 $a=1$이어서 0보다 크니 그래프는 1, 3사분면에 걸쳐 있는 것도 확인하고. 다만 여기서 1, 3사분면이라고 한 것은 새로운 x축(점근선)이 $y=4$에, 새로운 y축(점근선)이 $x=-1$에 새롭게 생긴 것을 기준으로 보는 거야.

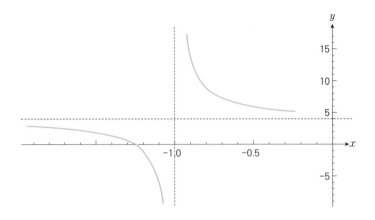

무리함수

불량 아빠: 유리함수가 평행이동과 관련이 있었다면, 무리함수는 신기하게도 대칭이동과 관련이 깊어. 근호 안에 x가 들어 있는 함수로, $y=\sqrt{x}$와 같은 것들인데, $y=x^2$을 $y=x$에 대칭을 해보면 $y=\sqrt{x}$가 나와. 자, 수학 I에서 배운 기억을 살려보자. $y=x$에 대칭해보면 y자리에 x가 가고 x자리에 y가 간다고 했지? 그걸 어떻게 식으로 써볼 수 있을까?

우식이: 일단 자리가 바뀌는 것이니까 $y^2=x$가 돼. 이건 결국 $y=\pm\sqrt{x}$라는 말인데, 그래프를 그려보면 원래 U자형의 $y=x^2$ 그래프가 다음 그림과 같이 변해버리고 말지.

그래프를 자세히 보면 1사분면에 있는 위쪽 절반과 4사분면에 있는 아래쪽 절반이 서로 달라. 위쪽은 $y=\sqrt{x}$의 그래프이고 아래쪽은 $y=-\sqrt{x}$의 그래프야.

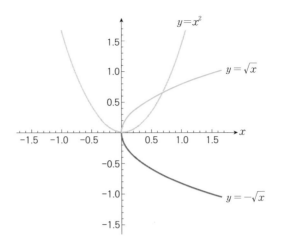

불량 아빠 : 제법인데. 잘했다. 무리함수는 $y=x$ 대칭이라는 점만 잘 알고 있으면 쉽게 이해할 수 있어. 무리함수이면서 평행이동이 된 예 중에는 $y=4-\sqrt{2x-3}$ 같은 것도 있으니 연습 삼아 그래프를 그려보렴.

역함수

불량 아빠 : 무리함수에서 $y=x$ 대칭을 유용하게 잘 써먹었는데, $y=x$ 대칭은 역함수에도 쓰여. 역함수는 함수가 일대일 대응이 될 때 정의역과 공역을 서로 바꾸는 것이야. 집합을 이용해서 설명하면 아래와 같고.

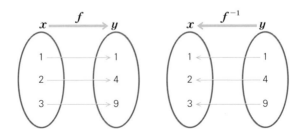

좀 전에 봤던 무리함수는 사실 역함수의 특수한 경우라고 할 수 있어. 왜냐면 무리함수는 y가 원래 제곱 또는 거듭제곱 형태였던 것을 우리한 테 편한 식의 형태인 $y=\sqrt{}$ 와 같은 형태로 만들어주는 것인데 그렇게 하려면 역함수를 이용하게 되거든.

y자리에 x가 가고 x자리에 y가 가는 자리이동 자체가 $y=x$를 사이에 두고 대칭을 만들자는 의미라는 것만 기억하면 역함수와 관련된 문제를 접근할 수 있어.

함수 $y=x+3$의 역함수를 구해볼까? x와 y의 자리를 바꿔주면 $x=y+3$ 결국 $y=x-3$이 역함수야. 그래프로 확인을 해보면 $y=x$에 대해 대칭인 것을 알 수 있어.

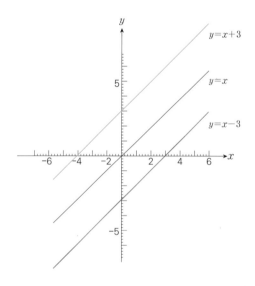

어떤 식이든지 역함수를 구하면 $y=x$에 대칭이 되는데 예를 들어 $y=(x-2)^2-2$의 역함수를 구해도 다음 그림과 같이 $y=x$에 대해 대칭이 돼.

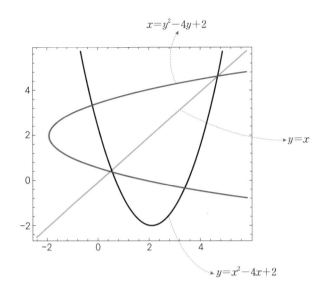

Day 15

수열과
수학적
귀납법

불량 아빠 : 수열은 영어로 sequence, 급수는 series라고 불러. 수열은 여러 개의 수가 나열된 것이고 급수는 그 수들이 더해진 것을 말해. 수열을 배우는 것은 그 자체로 의미가 있지만 나중에 무한급수로 이어지면서 미적분을 이해하는 데 도움을 줘. 그렇게 알고 오늘은 일단 수열에 집중하자.

가우스의 등차수열

불량 아빠 : 등차수열이란 일정한 차이만큼 늘어나거나 줄어드는 규칙을 가진 수열을 말해. 변하지 않고 같은 규칙이 지속되는 것을 일일이 확인

하지 않고 답을 알아내는 방법이야.

수열이야말로 귀찮은 것을 싫어하는 우리 인간의 본성이 그대로 엿보이는 수학 개념 중 하나야. 머리를 써서 팔, 다리 고생을 조금이라도 덜어 보려는 노력의 아름다운 결실이라고나 할까.

수학자 가우스(Carl Friedrich Gauss)의 어린 시절 이야기가 그 대표적인 사례라 할 수 있지. 가우스가 초등학교 3학년 수업 시간에 선생님이 반 아이들에게 1부터 100까지 다 더하라는 문제를 내주었어.

선생님은 한참 걸리겠지 생각하고 밀린 일을 하려던 참이었는데…… 가우스가 바로 답은 5050이라고 말해버린 거야. 어떻게 푼 걸까?

우식이 : 요즘엔 애들도 그 얘기 다 알고 있어. 이렇게 한 거 아냐.

$$
\begin{array}{r}
1+\ \ 2+\ \ 3+\cdots\ \ \ \ 98+\ 99+100 \\
+\quad 100+\ 99+\ 98+\cdots\ \ \ \ \ 3+\ \ 2+\ \ \ 1 \\
\hline
101+101+101+\cdots\ \ \ 101+101+101
\end{array}
$$

그래서 $10100 \div 2 = 5050$이야!

불량 아빠 : 아는 얘기야? 세상이 많이 달라졌군.

아무튼 이렇게 쭉 나열된 숫자를 다 합해야 하는 상황은 과거에도 그랬고 현재에도 우리 일생생활에 수없이 발생해. 쌀가마니를 쌓아놓고 총 몇 개인지 세어봐야 하는 경우, 매월 돈이 일정 금액 빠져나가는데 얼마만큼의 시간이 지나면 잔고가 0이 될까를 알아야 하는 경우 등등. 이렇게 일상생활에 필요하다보니 우리 인간들이 가만두지 않았겠지? 결국 적절한 조건만 맞으면 써먹을 수 있는 일반화된 식을 발견해낸 거야.

앞의 가우스 사례처럼 첫째항(a)과 마지막항(l)을 아는 경우, n항까지의 숫자를 더한 것은 $\dfrac{n(a+l)}{2}$이 공식이야.

또 첫째항(a)과 각 항들 간의 차이인 공차(d)를 아는 경우의 합, 즉 등차수열의 합 구하는 공식은 $\dfrac{n(2a+(n-1)d)}{2}$이야.

등비수열

불량 아빠 : 이제 등비수열을 보자. 등비수열은 기록이 남아 있는 것은 아니지만 돈과 관련되어서 만들어졌을 가능성이 높아. 게다가 실제 시험문제에서도 등비수열 관련된 문제는 돈 문제로 나오는 경우가 많아.

우선 등비수열을 정의하자면, 등비수열이란 1, 2, 4, 8, …처럼 일정한 비율(공비)로 변화하는 수를 나열한 것이야. 초항 a가 있고 공비 r을 가진 등비수열을 표시하면 아래와 같은 형태야.

$$a, ar, ar^2, ar^3, \cdots, ar^{n-1}, \cdots$$

이러한 등비수열의 합은 $S=a+ar+ar^2+ar^3+\cdots, ar^{n-1}$으로 표시되는데 n항까지의 합을 구하는 방법은 간단해. 원래의 합을 구하는 식에다가 r을 곱해줘서 새로운 식을 만든 후 그 새로운 식을 원래 식에서 빼주면 돼. 아래와 같이,

$$
\begin{array}{r}
S = a+ar+ar^2+ar^3+\cdots+ar^{n-1} \\
-\quad rS = ar+ar^2+ar^3+\cdots+ar^{n-1}+ar^n \\
\hline
(1-r)S = a-ar^n
\end{array}
$$

대부분의 오른쪽 항들이 없어져서 간단해지는데 식을 정리하면

$$S=\frac{a(1-r^n)}{1-r}$$

이것이 바로 등비수열의 합 공식이야. 이 식은 앞으로 무한급수를 설명할 때도 나오고 고등학교 수학에서 꽤 자주 쓰이는 식이야.

피보나치 수열

불량 아빠 : 수열 중에서 가장 유명한 것으로는 피보나치 수열이 있지. 수학 I에서 봤던 그 피보나치야.

"한쌍의 토끼가 생후 2개월째부터 매달 한 쌍의 토끼를 낳는다고 하면 토끼가 늘어나는 숫자를 어떻게 계산할 수 있을까?" 이 문제가 바로 피보나치의 책에 나온 문제였는데, 토끼는 아래 그림에서 보는 것처럼 늘어나.

1개월 후	🐰🐰	
2개월 후		
3개월 후	🐰🐰	1쌍
4개월 후	🐰🐰	1쌍
5개월 후	 🐰🐰🐰🐰	2쌍
6개월 후	 🐰🐰🐰🐰🐰🐰	3쌍
7개월 후	 🐰🐰🐰🐰🐰🐰🐰🐰🐰🐰	5쌍
8개월 후	 🐰🐰🐰🐰🐰🐰🐰🐰🐰🐰🐰🐰🐰🐰🐰🐰	8쌍
...	...	...

토끼를 쌍으로 보고 계산해보면 $1, 1, 2, 3, 5, 8, 13, 21, 34, 55, \cdots$가 나와. 뭔가 규칙이 있는 것 같지 않니? 앞의 두 숫자를 더하면 다음 숫자가 나오잖아.

피보나치 수열에서 유명한 것은 위의 숫자들 간의 비율이 황금비율이라 불리는 $\dfrac{1+\sqrt{5}}{2}$에 한없이 가까워진다는 점인데 이 기회에 2차 방정식 다루기 복습을 한번 해보자. 숫자 간의 비율을 구하려면 어떻게 해야 할까?

우선 힌트를 줄게. 피보나치 수열의 중간쯤 아무 숫자나 선택해서 a라고 하고 그다음 숫자가 x배 커진다고 하면 그다음은 x^2배, x^3배, $\cdots$가 될 거야. 그러니까 수열을 보면 이런 모양이겠지.

$$\cdots, a, ax, ax^2, \cdots$$

우식이 : 피보나치 수열은 앞의 두 숫자의 합이 그다음 숫자가 된다고 했으니 $a+ax=ax^2$이 되겠구만.

불량 아빠 : 거기까지 왔으면 이제 문제를 다 푼 거야. 양변에 공통적으로 나오는 a를 없애주면 $1+x=x^2$이니 $x^2-x-1=0$으로 놓고 근의 공식을 이용하면 답은 $\dfrac{1\pm\sqrt{5}}{2}$. 참고로 피보나치 수열은 등차수열도 등비수열도 아닌 재귀수열이라고 해.

무한등비수열

불량 아빠 : 피보나치 수열에서도 봤듯이 수열은 대개 끝나지 않고 무한

히 늘어나는 경우가 많은데, 이런 경우 등비수열은 특별한 의미를 갖게 돼. 예를 들자면 16리터의 물그릇에서 물을 퍼내는데 매번 절반씩 퍼낸다고 생각해보자. 퍼낸 물의 합은 $8+4+2+1+0.5+0.25+\cdots$로 끝없이 더하면 나오겠지만, 원래 있던 물의 양이 16리터이니 우린 그 전에 이미 답이 16리터라는 것을 알고 있어.

그래도 모른 척하고 우리가 방금 배운 등비수열의 합을 구하는 공식을 써보자. 물을 퍼내는 것을 수식으로 써보면 $8+8\times\left(\frac{1}{2}\right)+8\times\left(\frac{1}{2}\right)^2+8\times\left(\frac{1}{2}\right)^3+8\times\left(\frac{1}{2}\right)^4+\cdots+8\times\left(\frac{1}{2}\right)^{n-1}$이야. 그러면 등비수열의 합은,

$$S=\frac{8\left(1-\left(\frac{1}{2}\right)^n\right)}{1-\left(\frac{1}{2}\right)}$$

여기서 n은 끝이 없이 계속 간다고 했으니 상상할 수 없을 정도로 큰 수가 될 거야. 그 얘기는 $\frac{1}{2}\times\frac{1}{2}\times\frac{1}{2}\times\frac{1}{2}\times\frac{1}{2}\times\frac{1}{2}\times\cdots$이란 얘기고, 결국 엄청나게 작은 수가 될 거야. 거의 0이라고 할 수 있는.

에이, 귀찮어. 그냥 0이라고 해버리자. 그러면,

$$S=\frac{8(1-0)}{1-\left(\frac{1}{2}\right)}=\frac{8}{\frac{1}{2}}=16$$

결국 원래의 답이 나왔어. 신기하지?

동현이 : 그런데 귀찮다고 그렇게 대충 0이라고 해도 되는 거예요? 첫째 날, 수학은 엄밀하고 정확한 학문이라고 하셨잖아요.

불량 아빠 : 어. 그러면 좀 쿨해 보일까 했는데 별로였니? 사실 수학적으로 0이라고 봐도 괜찮은 거였어. 며칠 후에 미적분에 들어가면 왜 그렇게 해도 괜찮은지에 대해 지겹도록 배울 거야. 그래도 좋은 질문이었다. 그렇게 비판적인 시각이 있어야 수학을 잘할 수 있어.

수학적 귀납법

불량 아빠 : 이제 마지막으로 수학적 귀납법을 보자.

우식이 : 고등학교 과정을 보면 수열 다음에 바로 수학적 귀납법이 나오는데 이건 왜 여기 붙어 있는 거야? 증명이니까 명제와 함께 나오면 어울릴 것 같은데 말이야.

불량 아빠 : 그건 수학적 귀납법이 뭔지 알고 나면 이해하기 쉬울 거야.

수학적 귀납법은 도미노의 원리와 닮았어. 맨 앞에 있는 놈만 쓰러뜨리면 줄줄이 쓰러지게 되어 있는 상황을 만들어서 증명을 하는 것이 수학적 귀납법이거든. 설명하자면 이런 거야.

1부터 n개까지 줄줄이 늘어서 있는 금고가 있는데 1번 금고에 2번 금고의 열쇠가 들어 있고, 2번 금고에는 3번 금고의 열쇠가…… 이런 상황이 있다고 쳐봐. 이 경우 두 가지 조건만 만족하면 돼.

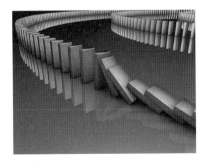

도미노
명제를 증명하는 방법 가운데 수학적 귀납법이 있다. 수학적 귀납법은 도미노의 원리와 비슷하다.

i) 1번 금고를 열 수 있다.

ii) 아무렇게나 찍은 k번 금고가 열리면 그다음 금고인 $k+1$번 금고도 열 수 있다.

위의 두 가지 조건이 만족되면 모든 금고를 열 수 있는 거지.

예를 들어 모든 자연수 n에 대하여, $1+2+3+\cdots+n=\dfrac{n(n+1)}{2}$ 이라는 공식이 있었잖아. 이걸 수학적 귀납법으로 증명하는 과정은 다음과 같아.

모든 자연수 n에 대한 것이라 했으니, $n=1$인 경우를 보자. $\dfrac{1\times2}{2}=1$ 이니까 일단 첫째 조건을 충족시키네.

그다음 조건을 확인해보자. 우선 간을 좀 봐야 해. 아무거나 찍어서 3. $k=3$이면 조건을 만족하는지 보자. 그리고 $k+1=4$도 만족하는지도.

우식이 : 식에 따르면 $k=3$이면, $\dfrac{3\times4}{2}=6$, $k+1=4$이면, $\dfrac{4\times5}{2}=10$이 나오는데 직접 더해봤더니 둘 다 맞는데.

불량 아빠 : 잘했어. 간을 보니 대충 될 것 같단 말이지. 이제 본격적으로 증명해보자. $1+2+3+\cdots+k=\dfrac{k(k+1)}{2}$ 이고 $1+2+3+\cdots+(k+1)=$ $\dfrac{(k+1)(k+2)}{2}$ 가 되겠지?

일단 $(k+1)$을 아래와 같이 더해서 이리저리 옮겨보자.

$$1+2+3+\cdots+k+(k+1)=\dfrac{k(k+1)}{2}+(k+1)$$

정리하면,

$$= \frac{k(k+1)+2(k+1)}{2}$$

$(k+1)$로 모으면,

$$= \frac{(k+1)(k+2)}{2}$$

결국 $k+1$인 경우에도 식이 성립하는 것을 보여줬어. 이로써 우린 수학적 귀납법을 써서 "자연수 n에 대하여, $1+2+3+\cdots+n = \frac{n(n+1)}{2}$" 이라는 명제를 증명한 거야. 1번이 넘어가니까 나머지도 넘어가는 것이 도미노와 같지?

연습 삼아서, 자연수 n에 대해 $(ab)^2 = a^2 b^2$인 것을 방금 한 것과 똑같은 방법을 써서 증명해봐. 또 $1^3 + 2^3 + 3^3 + \cdots + n^3 = (1+2+3+\cdots+n)^2$이 맞는지도 확인해보렴.

동현이 : 그럼 혹시 우리가 배운 등차수열, 등비수열의 합 공식들도 이런 방법으로 증명을 했나요?

불량 아빠 : 동현이가 뭔가 감을 잡았구나. 수열 역시 우리가 봤던 도미노나 쭉 늘어선 금고 같은 형식으로 열지어 있는 숫자일 뿐이잖아. 그럼 얘네들도 방금 배운 수학적 귀납법을 써먹을 수 있는 애들이란 말이고. 그래서 수학적 귀납법이 수열과 붙어 있는 거야.

참고로, 귀납법은 경험 또는 실험을 통해서 결과를 얻는 방식을 말하고 연역법은 논리적인 증명을 통해서 결과를 얻는 방식인데, 수학적 귀납법은 딱히 귀납법도 아니고 그렇다고 연역법도 아닌 두 가지가 짬뽕된 것이라고 할 수 있어. 헷갈리지 말도록.

Day 16

지수와 로그, 로그함수

불량 아빠 : 고등학교 들어가서 처음 등장하는 수학 개념 중에 지수와 로그도 있어. 지수와 로그는 학생들을 꽤나 괴롭히는 주제지.

우식이 : 로그는 그냥 외우면 돼. 별로 외우기도 안 어렵던데. 물론 어디다가 쓰는지는 모르겠지만.

불량 아빠 : 나도 고등학교 시절 처음 배울 때는 이해하지도 못하고 무작정 외웠지. 지수와 로그야말로 어디서나 쓰이는 것인데 모르면 그냥 모르는 대로 살게 되는 내용이야.

지수함수와 로그함수는 역함수의 관계로 서로 연결되어 있어. 로그 없이 지수를 설명할 수 없고 지수 없이 로그를 설명할 수 없어. 먼저 지수를 보자. 만약에 10을 100번 곱하는 것을 $10 \times 10 \times 10 \times 10 \times 10 \times \cdots \times 10$이라고 쓴다고 생각해봐. 엄청나게 번거로운 일이지. 이것을 10^{100}이라고 나타내면 얼마나 간편해? 이때 10의 오른쪽 위에 붙은 수를 지수라고 불러. 이렇게 지수는 같은 수를 거듭해서 곱한 것을 간단하게 줄여 쓸 때 사용하는 수학 도구야. 10^{100}은 결국 **"10에 100승을 하면 답이 얼마인지?"**를 묻는 수학적 표현이지.

이걸 로그로 보면 질문이 조금 비틀어지는데 $\log_{10}100$은 결국 **"10에 몇 승을 하면 답이 100이 나오는지?"**를 묻는 거야.

위의 두 식을 같은 형식으로 만들려면 다음과 같이 $\log_{10}x = 100$에서 x를 찾으면 되겠지.

$$10^{100} = x \iff 100 = \log_{10}x$$

사실 지수와 로그는 계산기가 아직 안 나온 시대에 아주 큰 수나 아주 작은 수를 다루기 위해 과학자들이 고민하다가 만든 테크닉들이 정리된 거라고 할 수 있어. 예를 들어 아래와 같은 수를 다뤄야 했다고 생각해봐.

$$\frac{0.99999999}{1.0001} - \frac{0.99999991}{1.0003} = ?$$

이런 문제가 있을 때, 지수를 배우지 않은 사람은 무턱대고 계산만 하려고 할 텐데, 그럼 눈이 나빠지든가 머리카락이 빠지든가 둘 중에 하나야.

지수를 써서 $1.0001 = 1 + 10^{-4}$, $1.0003 = 1 + 3(10^{-4})$, $0.99999991 = 1 - 9(10^{-8}) = (1 + 3(10^{-4}))(1 - 3(10^{-4}))$이라는 점을 힌트로 주면 대충

어떻게 할지 감이 오지?

동현이 : 그럼 $0.99999999 = 1 - 10^{-8}$이 되겠네요? 이렇게,

$$0.99999999 = 1 - 10^{-8} = 1^2 - (10^{-4})^2 = (1 + 10^{-4})(1 - 10^{-4})$$

불량 아빠 : 그렇지! 곱셈공식을 잘 사용했구나. 모두 이런 식으로 만들어서 계산해보면 답은 2×10^{-4}이 나올 거야. 이렇게 하면 이것보다 훨씬 복잡한 수들도 적절히 우리가 감당할 수 있는 수로 만들어서 계산할 수 있어. 앞으로 배울 로그를 사용하면 더 간단해지고.

네이피어와 로그

불량 아빠 : 지수와 로그야말로 인간의 생활을 윤택하게 해준 훌륭한 지적 문화유산이야. 기계의 도움 없이 인간의 머리만으로(종이, 연필하고) 아주 큰 수나 아주 작은 수를 계산하는 것을 가능하게 해줬거든.

역사적으로 보면 로그는 삼각법 때문에 나타난 것이라고 할 수 있어. 15세기 이후 유럽인들이 천문학에 관심을 갖고 또 대항해시대를 맞으면서 별들 간의 거리를 계산하거나 새로운 땅으로 항해를 하는 일이 잦아졌어. 여기에 삼각법 특히 사인과 코사인의 정확한 값들을 계산할 필요가 생겼고 이 과정에서 탄생한 것이 바로 로그였어.

삼각법에 따른 계산은 직접 손으로 하려면 간단한 것도 수개월이 걸릴 정도로 복잡한데, 천문학, 지도 제작, 항해 등이 발전하면서 자료는 엄청 쌓여가고 있는 상황이었어. 며칠 전 수학 I에서 2차 곡선을 설명하면서

언급한 바 있지만 브라헤가 케플러에게 공동연구를 하자고 한 것도 사실은 케플러를 데려와서 이런 단순계산을 시키려는 수작이었지.

여하튼 로그의 등장으로 단순계산이 엄청 쉬워지게 돼. 천문학과 통계학에 기여한 라플라스(Pierre Simon Laplace)는 로그의 발견이 천문학자들의 노동을 줄여줘서 그들의 생명이 2배까지 연장되었다고 말하기도 했지.

로그를 이용한 계산방식은 중국에까지 알려졌다고 하는데 로그처럼 소개되자마자 모든 사람들의 환영을 열렬히 받았던 과학적 발명도 없었다고 해.[5]

로그는 1610년 스코틀랜드의 네이피어(John Napier)가 발명했어. 귀족이었던 이 사람의 직업은 천문학자 겸 네크로맨서(necromancer)로 기록되어 있어.[6] 네크로맨서는 컴퓨터 게임 캐릭터 아니니?

동현이 : 예, 〈디아블로 2〉에 나와요. 그건 어떻게 아세요?

불량 아빠 : 흠흠……. 자, 공부하자. 네크로맨서는 죽은 사람들과 대화하는 자라는 뜻인데 무당 같은 존재로 죽은 영혼과 의사소통하는 능력이 있는 사람을 이렇게 불러. 네이피어는 거미를 작은 박스에 넣어서 항상 같이 다니기도 했고 또 연금술에도 관심이 있어서 주변에 잡다한 것을 모아다가 끓이곤 했대. 그래도 귀족 지위라 사람들이 가만히 뒀나봐.

한번은 자신의 하인들 중에서 도둑을 잡기 위해 검은 숯으로 칠한 닭을 상자 안에 넣어두고서는 손을 집어넣어 만지라고 해서 범인을 찾았다는

---

5   Maor Eli, e: *the story of a number*, 11쪽.
6   Amir D. Aczel, *A Strange Wilderness: the lives of the great mathematicians*, 87쪽.

일화도 있어. 자기 죄가 찔려서 닭을 만지지 않아 손이 깨끗한 사람을 범인으로 지목한 거지. 이거 어렸을 때 들어본 이야기지?

다시 로그로 돌아와서, 로그를 발명한 후 시간이 지나 전자계산기가 나오면서 계산도구로써 로그가 점점 필요없어지는가 싶었는데, 어느 날 갑자기 로그함수가 자체적으로 유용해져서 계산방식으로서가 아니라 함수로서 오히려 더 중요해지고 말았어.

그래서 너희들 교과서에 떡하니 한자리 차

네이피어(1550~1617)
로그를 발명한 스코틀랜드 수학자. 천문학, 신학, 점성술에도 관심이 많았다. 1610년 로그의 발명은 계산기가 없던 시대에 아주 큰 수나 아주 작은 수의 계산을 수월하게 한 수학사적 위대한 업적이었다.

지하고 있는 거야. 특히 오일러 상수라고도 불리는 e와 로그가 만난 자연로그는 대학교에 가면 자연계열은 물론이고 상경, 사회과학 계열에도 나오는 등 거의 모든 과학분야에서 나오니까 피할 수가 없어. 어차피 배워야 하니 지금 제대로 해둬. 사촌형이 아주 친절하게 설명해줄 거야.

로그 계산법의 원리

모태솔로 사촌형 : 오랜만에 재밌는 거 공부하는구나. 벌써부터 흥분된다~ 로그의 원리를 배우는 거지만 지수를 능숙하게 다루는 연습이라고 생각하면 좋을 거다.

자, 네이피어가 로그를 발명했을 당시로 돌아가서 그 원리를 알아보자. 우선 아래의 두 숫자가 있고 그 합을 구해야 하는 상황이라고 해보자. 우리가 어렸을 때 배운 덧셈방법을 자세히 뜯어보면 다음 계산은 다섯 자리 숫자니까 다섯 번의 더하기를 해줘서 그 합을 구한 거야.

$$
\begin{array}{r}
27368 \\
+ \quad 59206 \\
\hline
86574
\end{array}
$$

어때, 여기까진 쉽지?

그런데 이번엔 이걸 곱한다고 생각해봐. 엄청 복잡해지지? 뭐 못하는 건 아니지만. 덧셈은 다섯 번의 계산만 하면 되지만 곱셈은 스물다섯 번을 해야 돼. 뭔 말인지 모르겠으면 직접 연습장에 곱셈을 해보고 계산을 몇 번 했는지 세어봐.

로그 계산법은 이렇게 노력이 많이 들어가는 곱셈을 덧셈의 형식으로 바꿔준 것이야. 아까 말했듯이 엄청 큰 숫자들을 계산할 때는 큰 도움이 되었어.

원리는 아주 간단해. 네이피어는 우선 어떤 숫자를 곱하는 상황에서 10을 곱할 때는 계산이 간단해진다는 점에서 아이디어를 얻었지.

23431×10은 곱하려는 수에 0 하나만 더 갖다 붙이면 되잖아. 우리가 십진법을 쓰고 있기에 가능한 거지. 이게 아름다운 점은, 10을 밑수로 한 지수들의 곱셈은 사실상 덧셈이 된다는 점이야. $10^2 \times 10^5 = 10^{(2+5)}$가 된다 이거야. 이것이 바로 로그계산의 기본원리야.

직접 해보자. 어떤 수, 예를 들어 23523이라는 수가 있다고 할 때 이 수를 10^4과 10^5 사이에 있는 10^x으로 만들어버리면 되는데 모든 수를 이런 식으로 10을 밑수로 가진 수로 바꿀 수 있어.

우식이 : 그런데 과연 모든 수가 10을 밑수로 가진 수로 표현될 수 있는 건가? 될 것 같기도 하고 아닐 것 같기도 하고. 그런데 된다고 해도 그럴 경우 엄청나게 복잡한 수가 될 것 같은데?

모태솔로 사촌형 : 좋은 지적이야. 밑수를 10으로 두는 것은 가능하지만 그 계산이 쉽지는 않았지.

원래 계산 좀 편하게 해보자고 시작한 건데 계산이 어려워진다니. 이건 말도 안 되는 거지. 네이피어는 똑똑하게도 분수를 지수로 쓰면서 그 문제를 해결해버려.

무슨 말이냐 하면, 예를 들어서 32 같은 수를 10을 밑수로 둔 수로 바꿀 때는 지수를 분수로 써서 $10^{\frac{m}{n}} \approx 32$이라고 하고 $10^m \approx 32^n$이라 표현한 거야. 어차피 워낙에 큰 수들을 다루려고 로그를 개발했기 때문에 근사치만 있어도 된다고 생각했어.

우식이 : 무슨 소리야, 형. 천천히 설명해줘.

모태솔로 사촌형 : 생각을 해봐. 예를 들어 $32^2 = 1024 \approx 10^3$이니 대략 $10^{\frac{3}{2}}$ 정도면 쓸 만한 근사치가 되는 거야.

네이피어는 이런 식으로 $N = 10^p$을 만족시키는 p를 구하고자 했고 그 p를 N의 로그라고 불렀어. 그러고는 다른 과학자들을 위해서 친절하게도 아래와 같은 로그값의 표를 만들었어. 족보를 만들어놓은 거지. 요즘 같았으면 특허권이다 인세다 해서 떼부자가 될 수 있었을 텐데 당시엔 그런 게 없어서리. 뭐 어차피 귀족에 부자였던 양반이라 안 했을지도.

아무튼 옛날 수학책들은 대개 끝에 로그표가 부록으로 실려 있었어. 이 로그표는 일부만 보여준 거고 원래의 것은 N값들이 모두 나열되어 있는 방대한 표였어.

N	$\log_{10}N = p$
1	0
2	0.30103

3	0.477121
4	0.60206
5	0.69897
6	0.778151
7	0.845098
8	0.90309
9	0.954243
10	1
50	1.69897
100	2
500	2.69897
600	2.778151
700	2.845098
800	2.90309
900	2.954243
1000	3
10000	4

자, 로그표를 이용해서 53466×23522를 구해보자.

이들을 로그표에서 찾아보면 각각 $53466 \approx 10^{4.7281}$, $23522 \approx 10^{4.3715}$가 나와. 인터넷에 로그표를 치면 찾을 수 있을 거야.

우식이 : 내가 인터넷에서 찾아봤는데 53466 같은 수까진 로그표에 없던데?

모태솔로 사촌형 : 오, 진짜 찾아봤어? 맞아. 사실 로그표에 53466같이 큰

수까지 기록되어 있지는 않아.

그래서 우선은 5.3455의 로그값을 먼저 찾고, 찾은 값인 0.7281에 4를 더하는 거야. 왜 4냐고? 4는 지수니까,

우식이 : 엥? 뭔 소리 하는지 전혀 모르겠어.

모태솔로 사촌형 : 우린 지금 지수를 철저히 이용하고 있는 거야. 지수에서 4는 0이 4개인 10000을 의미하는 것이잖아. 그럼 53466의 로그값을 구할 수 있지.

이제 $53466 \times 23522 \approx 10^{9.0996}$이 나왔으니 이번엔 거꾸로 가야 해. 여기서도 마찬가지로 9.0996은 로그표에 없고 0.0996을 찾아야 하지. 그러면 1.258이 나오는데 우리가 뺀 9는 10^9을 의미하니 1257766000이 나와. 이것이 53466×23522의 근사치야. 원래 $53466 \times 23522 = 1257627252$인데 어느 정도 비슷하지?

참고로 원래 네이피어는 밑수를 10을 사용하는 상용로그를 쓰지 않았어. 이건 나중에 브리그(Henry Brigg)의 제안을 받아들여서 바꾼 건데 그 덕분에 로그계산이 훨씬 쉬워진 거야.

동현이 : 이게 쉽다고요?

불량 아빠 : 전자계산기가 없을 때라고 생각을 해봐. 그나마 이게 쉬운 거란다.

모태솔로 사촌형 : 그런데 곱셈을 덧셈의 형식으로 변형시킬 수 있다는 생각은 도대체 어떻게 했을까 궁금하지 않니? 누가 그런 깜찍한 생각을?

수학자들은 네이피어가 삼각법에서 영감을 얻어서 발전시킨 것으로 생각하고 있어. 네이피어는 그 당시 과학자들이 대부분 그랬듯이 삼각법에 관심이 많았고 친구를 통해서 삼각함수 덧셈정리를 변형한 모습인, 원래는 발음하기도 숨찬, 프로스타패레시스(Prosthaphaeresis)라 불리는 아래의 항등식을 아주 우연히 듣게 되는데 이걸 힌트 삼아서 아이디어를 발전시켰다고 해.

$$\sin A \cdot \sin B = \frac{1}{2} \left[\cos(A-B) - \cos(A+B) \right]$$

네이피어는 어느 날 친구이자 당시 스코틀랜드 왕 제임스 6세의 주치의였던 크레이그(John Craig)에게 1590년 제임스 6세와 덴마크로 항해를 했던 무용담을 듣게 돼. 크레이그는 왕과 함께 덴마크의 앤 왕비를 만나기 위해 코펜하겐으로 가던 중 폭풍이 심해 벤 섬(Hven Island)에 피신하게 되는데 이곳이 마침 티코 브라헤가 천문관측소를 세운 곳이었어. 케플러의 스승, 브라헤 아저씨 기억나지?

제임스 6세 일행은 그곳에서 브라헤의 안내를 받았는데 브라헤가 천문관측소를 소개하면서 자랑삼아 말하기를, 자신이 아랍인인 이븐 유누스(Ibn Yunus)가 500년 전 발명한 계산기법을 써서 천문 관측 기록을 빠르고 정확하게 한다는 거야. 이 얘기를 전해들은 네이피어가 자신도 잘 알고 있던 삼각법을 응용해서 로그 계산법을 만든 거지. 위의 식에 큰 신경을 쓸 건 없고 곱셈이 덧셈과 뺄셈으로 변하는 것만 눈여겨보면 돼.[7]

돈 좀 굴려보려면 오일러 상수 e 정도는 알아야지

불량 아빠 : 자, 이제 바톤터치! 사촌형은 잠깐 쉬게 하자.

당연히 전자계산기가 등장하면서 계산기술에 불과했던 로그는 점점 사라져가야만 했어. 그런데 네이피어가 죽은 영혼과 대화한다는 네크로맨서여서였는지 전자계산기 때문에 잊혀질 뻔한 로그가 함수로 다시 생명을 얻게 돼.

로그를 되살린 건 그레구아르 생뱅상(Gregoire de Saint-Vincent)이라는 수도승으로 그는 이 과정에서 아주 특별한 상수인 e를 소개해. 생뱅상은 1649년에 $y = \frac{1}{x}$ 곡선의 아래면적이 로그로 표현될 수 있다는 걸 발견했어. 당시에 발견한 것은 e를 밑수로 가지는 자연로그였지. 자연로그는 log라고 쓰지 않고 ln이라고 쓰는 경우가 많아.

이 e가 로그와 만나면서 로그함수로서 특별한 기능을 갖게 되는데, 우선 e에 대해 조금 알아보자. 천재 과학자 아인슈타인[8]이 인류의 발견 중 가장 위대한 것이 바로 '복리(compound interest)'라고 했을 만큼 복리의 위력은 큰데 거기에 e가 중요한 역할을 해.

e는 간단하게 말하면 빌려준 돈의 이자율이 100퍼센트이고 매 시점($n = \infty$이 되도록) 복리로 이자가 계산되는 상황을 나타낸 거야. 식으로 써 보면 $\left(1 + \frac{1}{n}\right)^n$. 물론 실제로 이자율이 100퍼센트인 은행은 없겠지만, 이런 가상적인 상황을 기준으로 만들어놓고 다른 현실적인 문제의 계산을

7   Amir D. Aczel, *A Strange Wilderness: the lives of the great mathematicians*, 88쪽.
8   http://www.forbes.com/sites/moneybuilder/2012/12/19/albert-einsteins-philosophies-for-growing-wealth/

할 수 있는 거야. 그런 상황에서 n의 증가에 따른 값의 변화를 나타낸 것이 아래의 표야.

n	$\left(1+\frac{1}{n}\right)^n$
1	2
2	2.25
10	2.59347
1000	2.71692
100000	2.71827
10000000	2.718828

표만 봐서는 e의 소수 표시인 2.71828…에 가까워지는 것 외에는 뭔지 모르겠지? 설명해볼게.

동현이가 은행에서 100만 원을 대출했는데 연간이자가 20퍼센트라고 하면 동현이는 1년 후에 120만 원을 갚아야 하고 2년 후라면 140만 원, 3년 후라면 160만 원을 갚아야 해. 이것은 단리인 경우였고 복리로 계산을 한다면 1년 후에 120만 원을 갚는 것은 맞지만 2년 후에 갚을 때는 100만 원이 아닌 120만 원에 대한 20퍼센트 이자를 치기 때문에 144만 원이 돼. 3년 후에는 144만 원의 20퍼센트인 172만 8천 원이 되고. 복리로 이자를 치면 금세 갚아야 하는 금액이 늘어나지.

이렇게 갚을 돈이 순식간에 늘어나기 때문에 성서에서도 그렇고 이슬람의 코란에서도 복리이자는 죄라고 규정했는데, 알다시피 시대가 바뀌면서 이자와 금융이 세상을 돌아가게 하는 핵심원리가 되어버렸지.

이런 문제를 최초로 수학적으로 규명한 사람은 17세기 스위스의 수학자 야코프 베르누이(Jakob Bernoulli)였어. 베르누이가 한 질문은 이거였지. "빌린 돈을 갚을 때 매년 이자를 딱 한 번 갚는 것이 나은가 아니면 그 절반의 이자를 6개월에 걸쳐서 두 번 내는 것이 나은가? 아니면 아예 매일 원래 이자의 1/365을 내는 것이 나은가?" 아주 현실적인 문제지? 너희들 생각은 어떠니?

동현이 : 조금씩이라도 이자가 늘어난다니 매일 이자를 내는 게 불리할 것 같은데······. 아닌가요?

불량 아빠 : 내 생각에도 그럴 것 같은데 그동안 수학 좀 공부한 우리가 그렇게 감으로만 판단할 수는 없지. 직접 계산을 해보자.

조금 전에 표에서 본 것과 같이 1만 원을 은행에 넣으면 이자율이 100퍼센트인 은행이 있다고 하자. 1만 원은 1년 후에 2만 원이 되는 거야.

여기서 이자를 절반으로 나누고 1년에 두 번 이자를 지급한다면, 6개월 후에 받을 수 있는 금액은 $\left(1+\dfrac{50}{100}\right)$만 원=1만 5천 원이 돼. 1년이 지난다면,

$$\left(1+\frac{50}{100}\right)\times\left(1+\frac{50}{100}\right)=\left(1+\frac{1}{2}\right)^2 \text{만 원}=2\text{만 }2\text{천 }500\text{원}.$$

그러니까 복리로 두 번 지급하면 원래보다 2천 500원 더 버는 거지.

같은 식으로 12번을 한다면 $\left(1+\dfrac{1}{12}\right)^{12}$만 원=2만 6천 130원. 매일 한다면 $\left(1+\dfrac{1}{365}\right)^{365}$만 원=2만 7천 146원이 나와. 매일 복리로 계산하면 돈 빌려준 사람은 2만 원 받을 것을 가만히 앉아서 7천 146원을 더 받는 거야 글쎄. 이게 바로 야코프 베르누이가 알고 싶었던 것이지.

그런데 베르누이는 여기서 더 나아가서 연속적인 복리를 알고 싶었어. 매일 복리계산도 모자라서 매순간 복리계산을 하면 어떻게 되는지가 궁금했던 거지. 예를 들어 이야기를 계속해보자.

자, 악독한 조폭이 우식이에게 돈을 빌려줬는데, 365일 이자 받는 것도 부족하다고 생각했다고 치자. 조폭 두목은 100퍼센트 이자율에다가 우식이가 아예 매순간 숨 쉴 때마다 이자를 복리로 받고 싶었던 거야. 그럼 어떻게 해야 할까?

어떻게 하긴, 수학 좀 아는 조폭 두목은 우식이를 몇 대 때려주고는 이런 수식이 담긴 계약서를 내밀면서 서명하라고 강요할 거야. 이자는 이식에 맞춰 내겠다는 계약을 맺게 하는 거지.

$$\lim_{n \to \infty} \left(1 + \frac{1}{n}\right)^n$$

이것이 바로 조폭 두목이 개발한 숨 쉴 때마다 이자가 붙는 최신 금융상품이야. 그런데 어디서 많이 보던 거지? 답도 알고 있을 테고. 바로 $e = 2.7182\cdots$

조폭 두목이 같은 금리수준에서 가장 많이 받을 수 있는 돈은 원금의 271.82퍼센트라는 말이야. 물론 수학적으로는 그렇다는 말이고. 다른 방법도 무궁무진하겠지만.

이러한 수학 지식은 금융기관에서도 사용하고 있어. e의 발견으로 복리 계산하는 방식이 쉬워졌어. 우식이가 조폭 말고 그냥 은행에서 돈을 빌렸는데 연 이자율이 15퍼센트이고 연속복리로 계산된다고 하면 1년 후 우식이가 갚아야 할 금액은 100(만 원)$\times e^{\frac{15}{100}} = 116$만 1천 800원 정도야. 연속복리로 계산하는 경우 1년 후에 15퍼센트가 아닌 16.18퍼센트 이자를 지불해야 하는 거지.

이렇게 숨 쉴 때마다 이자가 쌓이는 연속복리는 조폭들이나 하지 금융감독원의 감독을 받는 시중은행들은 사용하지 않고 있어. 영국에서는 금융상품을 설명할 때 연속복리이자를 기입하여 소비자들이 비교할 수 있도록 법으로 정해놓았다고 해.

이제 조폭 돈놀이는 그만하고 고등학교 수학으로 돌아오자.

앞의 식을 자세히 보면 n이 두 번 나오는데 $\frac{1}{n}$에서는 n이 무한대로 커질수록 값이 작아지게 될 테고 끝에 있는 지수 n은 값이 커지게 만들게 될 거야. 이렇게 n승이 커지려는 힘과 $\frac{1}{n}$이 작아지려는 힘이 부딪혀서 결국 나온 절충점이 $e=2.7182\cdots$가 된 거야. 믿기지 않으면 n에다가 점점 큰 수를 넣어서 직접 계산해봐.

초월수인 e는 이런 성질 때문에 여기저기 쓸모가 많아. 우선 $y=a^x$ 형태의 그래프를 보자. 지수의 형태이기 때문에 x가 조금만 커져도 y값이 급격히 늘어나.

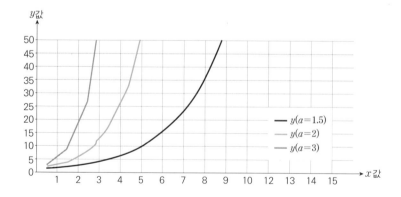

이런 x와 y의 기울기의 변화관계를 나타내는 식을 우리말로는 경사도, 영어로는 그레디언트(gradient)라고 하는데 간단하게 말하면 $\frac{\text{높이의 변화}}{\text{가로 거리의 변화}}=\frac{\Delta y}{\Delta x}$와 같은 거야. 길에서 경사도가 $\frac{1}{2}$ (50%)이라고 하는 것은 자동차가 200미터 가는 동안 고도는 100미터 높아진다는 뜻이야.

이 경우 경사도를 50퍼센트라고 표시하기도 하지. 실제로 그렇게 가파른 경우는 없고 대개 다음 그림과 같은 정도야. 경사도와 각도를 착각하면 창피한 건 둘째치고 자칫 운전하다가 사고를 낼 수도 있어.

100퍼센트 경사도는 45도 각도를 말해. 높이과 거리의 변화율이 같은 경우지. 경사도는 거리에 대한 높이의 비율을 퍼센트로 표시한 것일 뿐이야.

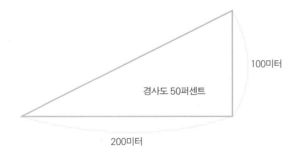

100미터

경사도 50퍼센트

200미터

실제 길이라면 위의 그림같이 매끄럽게 경사도를 구하기가 쉽지 않을 거야. 경사도가 높았다가 낮았다가 할 테니. 그래서 보통 곡선인 경우 접점(tangent)을 구해서 그 점의 경사도를 구하지.

갑자기 왜 경사도 이야기를 이렇게 늘어놓았냐 하면, 모든 접점에서 경사도와 높이가 항상 같은 곡선이 바로 $y=e^x$의 곡선이기 때문이야.

다음 그림에 나타나듯이 높이(y값)가 1일 때 경사도는 1이고 높이가 3일 때 경사도는 3이 돼. 높이가 높아질수록 경사도도 커져서 결국 어느 점에서도 높이와 경사도가 같도록 나오는 곡선이야.

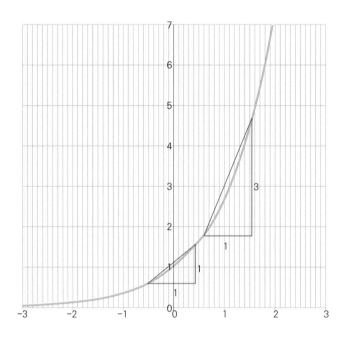

앞에서 e는 $\lim\limits_{n \to \infty}\left(1+\dfrac{1}{n}\right)^n$ 에서 커지려는 힘과 작아지려는 힘이 만나는 곳이라고 했는데, 그 원리에 의해서 높이와 경사도가 같아지는 거야. 여기서 주의할 점은 높이와 거리를 비교한 것이 아니라 높이와 경사도를 비교한 것이라는 거지.

그래서 $y=e^x$은 가장 자연스러운 성장함수라 불리고 금융, 생물 등 성장하는 것을 다루는 모든 과학분야에 쓰이는데 같은 논리로 감소·감퇴하는 대상에 대해 $y=e^{-x}=\dfrac{1}{e^x}$의 함수 형식으로 사용해. 이 경우에는 경사도가 높이와 마이너스(−) 관계를 가지면서 같아지겠지?

1690년, 야코프 베르누이는 e에 대한 연구를 더 발전시켜서 건축에 큰 기여를 하는 중요한 공식까지 개발하게 돼.

밧줄이나 쇠사슬이 양끝에 고정되어 있는 상태에서 자연스럽게 늘어진 모습을 식으로 표현할 수 있을지를 연구하다가 나온 것인데, 그것을 나타내는 곡선을 현수선(catenary)이라고 불러. 수식으로 보면, $y=\dfrac{e^{ax}+e^{-ax}}{2}$인데 보통 $a=1$이라고 하고 $y=\dfrac{e^x+e^{-x}}{2}$ 형태로 나타나기도 해. 그림으로 보면 아래와 같은데 a값이 변함에 따라 늘어지는 정도가 차이가 나는 것을 알 수 있어. 식을 자세히 들여다보면 e^x은 자연스런 성장을 표현하고 e^{-x}은 감퇴를 표현하고 있어 이것을 더한 후에 2로 나눠 평균치를 구한 거지.

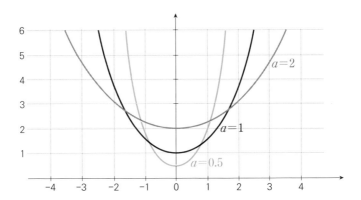

이것을 건축에 활용한 사람은 베르누이와 같은 시대에 활동했던 영국의 과학자 훅(Robert Hooke)이었는데, 이와 같은 그래프를 뒤집은 형태를 아치형의 다리나 건축물을 지을 때 활용했어.

아치형 블록

게이트웨이 아치

맨해튼 센트럴 파크의 아치형 다리

이렇게 할 경우 그 곡선을 따라서 건물 무게의 힘이 균등하게 전해지기 때문에 아치모양 건물을 벽돌로 쌓을 경우 시멘트를 이용할 필요도 없다고 해. 그래서 이것을 '신(神)의 두 다리'라고 부르기도 하는데, 옆의 그림에 보이듯이 이렇게 블록으로 만들면 절대 안 쓰러진다 이거지.

현수선 아치 건축물 중 가장 유명한 것은 미국 세인트 루이스에 있는 게이트웨이 아치야. 세계에서 가장 큰 현수선 아치형 건축물이라고 해. 원래의 현수선 수식에 의해 그려지는 모양과는 달리 위쪽이 조금 평평한데, 위쪽으로 갈수록 건축물의 형태가 가늘어져서 무게가 가벼워지는 것까지 감안한 디자인이라 그렇다는군. 이 구조물이 지어진 1940년대 건축공학

기술이 얼마나 뛰어났는지 알 수 있겠지?

맨해튼의 센트럴 파크에 있는 다리도 저렇게 아치 모양을 이루고 있어. 꽤나 넓직한 것이 식으로 나타내려면 a가 커야겠지?

e는 자연이 균형을 맞추는 과정을 수학적으로 표현한 것이어서 이렇게 다양한 곳에 쓰이는데 너희들이 나중에 대학에 가서 통계학이나 수학 관련한 주관식 시험문제를 봤는데 아무것도 모르겠다 싶을 때 답을 $\frac{1}{e}$이라고 쓰면 그나마 맞을 확률이 높단다. 좋은 정보인가?

자연로그

불량 아빠 : e에 대해 좀 알았으니 이제 10 대신 e를 밑수로 사용하는 자연로그에 대해 자세히 알아보자.

자연로그는 e와 역수의 관계에 있는데 로그에 e를 밑수로 쓰는 이유는 앞서 봤듯이 모든 성장이나 감퇴 과정을 자연스럽게 표현하기 때문이야. 보통 우리가 얻는 관측자료 등의 수치를 자연로그 함수를 이용해 변환시켜 사용하는 경우 여러 가지 장점이 있지.

첫 번째 장점은 과학자들이 제일 좋아하는 로그 항등식에서 비롯돼. 지수가 미지수일 때 사용할 수 있는 간단한 방법인데, $a^x = b$라는 식이 있으면 여기서 x의 값을 찾고자 할 때 로그와 지수의 관계를 이용해서 간단히 푸는 방법이 있어.

지수꼴 형태인 a^x을 로그로 만들어서 다루기 쉽게 만드는 방식이야. 대량의 자료를 다루고 계산해야 했던 많은 과학자들이 이걸 이용함으로써 인생이 편안해졌다고 말하는, 약방의 감초 같은 항등식이지. 대학에 가면 이과는 당연하고 문과에서도 최소한 이 정도는 알고 있어야 해.

다음과 같이 로그 항등식을 이용하면 지수 자리에 있던 x가 아래로 내려와서 다루기가 쉬워져.

$$\ln a^x = x \ln(a)^{[9]}$$

예를 들어보자. 만약에 동현이가 모은 귀한 돈 2천만 원을 은행에 예금으로 넣었는데 이자가 연 5%라고 치자. (요즘 이 정도 이자라도 주는 데 있으면 나 좀 알려주라.) 그럼 몇 년이 지나야 이 원금을 가지고 10억을 만들 수 있을까? 식을 세우면 다음과 같을 거야.

$$20000000 \times 1.05^x = 1000000000$$

여기서 x만 찾으면 되는데 x가 딱 지수 자리에 있어서 계산하기가 영 거시기 하잖아? 이때 로그 항등식을 이용하는 거야. 일단 위의 식을 간단히 정리하면 $1.05^x = 50$이 되니까 x만 구하면 되는데, 이 상태에서는 x를 구하기가 쉽지 않아. 그럴 때 바로 로그 항등식을 이용하는 거지. 그러기 위해 우선 양변을 로그로 씌워버리면,

$$\ln(1.05^x) = \ln(50)$$

이제 로그 항등식의 법칙에 따라 $x \times \ln(1.05) = \ln(50)$이 되고 $x = \dfrac{\ln(50)}{\ln(1.05)}$이 나와. 이제 공학용 계산기나 컴퓨터에서 $\ln(1.05)$와 $\ln(50)$의 값을 찾아보면 대략 $\dfrac{3.912023}{0.04879} = 80.18$년이 걸리는 것으로 나

---

[9] 식의 도출: $\ln(ab) = \ln a + \ln b$이므로 $\ln a^2 = \ln a + \ln a = 2\ln a$

오네. 간단하지? 이렇게 자연로그를 이용하면 계산이 쉬워져.

모태솔로 사촌형 : 다음부터는 형이 설명할게. 두 번째 장점은 가산성 (additivity)이라 불리는 로그의 특징 때문에 나오는데, 이것 때문에 경제학이나 금융에서 특히 자연로그를 많이 써. 가산성은 곱셈이 더하기가 되면서 생기는 특징으로 예를 들면 이런 거야.

우식이가 100만 원을 주식에 투자했는데 첫해에는 주식이 올라서 50%의 수익을 냈어. 그런데 두 번째 해에는 내려가서 수익률이 50% 줄어들었다고 해봐. 100만 원은 첫해에 50% 오른 150만 원이 되지만 그다음해에 거기서 50% 줄어들면 75만 원이 남아. 비율로는 똑같이 50%씩 늘었다 줄었지만 한번은 100만 원을 기준으로 늘었고 또 한번은 150만 원을 기준으로 줄었어. 연도별로 얼마나 벌었는지 수익률을 비교하기에는 적합하지 않아. 바로 전년도의 금액만을 기준으로 하니까.

이때 로그를 써서 덧셈의 형식이 되면 균형적인 증감상황을 한눈에 볼수 있어. 그래서 금융사들이 투자수익률을 계산할 때는 로그를 사용하지. 로그로 변환하여 사용하는 방법은 다음과 같아.

우선 우식이의 투자금 100만 원을 P_1이라고 하고 1년 후 늘어난(줄어든) 금액을 P_2라고 하자. 그러면 $P_2 = (1+r)P_1$이 될 거야. 조금 전에 봤던 것을 복습하자면, 6개월 복리는 $P_2 = \left(1+\frac{r}{2}\right)^2 P_1$ 또는 $\frac{P_2}{P_1} = \left(1+\frac{r}{2}\right)^2$, 3개월 복리는 $\frac{P_2}{P_1} = \left(1+\frac{r}{4}\right)^4$ 같은 식으로 될 거야. 연속복리인 경우는 $\lim_{n \to \infty}\left(1+\frac{1}{n}\right)^n = e^r$이니까 $\frac{P_2}{P_1} = e^r$이 돼. 이것을 로그로 변환하면 $\ln\left(\frac{P_2}{P_1}\right) = r$, 그래서 $\ln(P_2) - \ln(P_1) = r$.

이렇게 로그로 구한 숫자는 근사치이기 때문에 다음 표에서처럼 원래

변화율을 구하는 방식 $\left(\dfrac{P_2-P_1}{P_1}\right)$ 으로 구한 값하고 조금 차이가 나. 하지만 큰 차이는 없고, 그보다 변화율이 균형적으로 기록된다는 장점 때문에 금융시장에서는 로그로 변환시키는 방법이 더 많이 쓰이고 있어.

	현재(P_1)	1년 후(P_2)	2년 후(P_3)
사례 1) 투자금액의 변동	100 만원	110만 원	99만 원
$\left(\dfrac{P_{n+1}-P_n}{P_n}\right)$		10%	−10%
$\ln(P_{n+1})-\ln(P_n)$		10%	−11%
사례 2) 투자금액의 변동	100만 원	150만 원	75만 원
$\left(\dfrac{P_{n+1}-P_n}{P_n}\right)$		50%	−50%
$\ln(P_{n+1})-\ln(P_n)$		41%	−69%

표를 보면 2개 사례에서 모두 50%씩 늘었다 줄었는데, 로그를 쓴 방식은 모든 기간(P_1~P_3)을 기준으로 균형 있게 증가와 감소를 표시한 것이야. 로그변환 없이 사용하면 왜곡이 있을 수 있어.

우식이 : 그런데 로그로 변환하는 건 어떻게 하는 거야?

모태솔로 사촌형 : 그냥 원래 있던 숫자에다가 로그를 씌워주면 돼. 예를 들어 50000원이다 하면 $\ln(50000)$ 이렇게. 일반 계산기에는 로그계산이 안 되지만, 인터넷 구글 창(google.com)에 가서 $\ln(50000)$을 쳐보면 10.819 7782844라고 바로 답이 나와.

마지막으로 로그변환의 세 번째 장점은 바로 그림이 잘 나와서야.

자연과학이건 사회과학이건 장기간 관찰한 자료들을 그래프로 그리는 경우가 많은데 로그로 변환시켜서 보면 자료의 추이를 보기가 더 편해. 다음의 그림을 봐. 2개 그림 모두 미국의 S&P 500 주가지수를 기록 관찰한 자료를 나타낸 것인데 처음 그림은 자연로그로 변환하지 않은 그대로의 자료고 그다음 것은 자연로그로 변환한 거야.

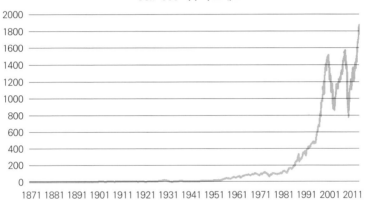

출처: http://econbrowser.com/archives/2014/02/use-of-logarithms-in-economics

2개의 그림이 차이가 나는 이유는 처음 그림은 시간이 흐를수록 자료 관측치가 처음 관찰했을 때보다 크게 성장해버려서 최근의 변동폭이 더 크게 보이도록 왜곡되기 때문이야. 처음 그림에서는 1941년까지 거의 변화가 없는 것으로 보이잖아. 로그변환을 하면 이러한 왜곡이 없어져서 보다 정확한 변화폭을 보여줘. 아래 그림을 보면 최근보다는 1931년쯤의 변화폭이 더 큰 것을 알 수 있어.

불량 아빠 : 로그변환을 하면 위의 3가지 장점 외에도 아주 크거나 아주 작은 숫자들을 다루기에 편하고, 미적분을 활용하기 편해지고, 변화율(탄력도 등)을 계산하기 쉽게 변환되는 등 여러 가지 장점이 있어. 대학 가서 공부를 더 하는 경우는 물론이고 너희들이 커서 어떤 일을 하든지 은행 이자율 계산이 어떻게 돌아가는지 정도는 알아야 하지 않겠니?

우식이 : 이런 건 전문가한테 맡기면 되잖아?

불량 아빠 : 물론 그래도 되지만 다른 사람한테 부탁한다 해도 어떤 원리인지 아는 게 좋지 않겠어? 스스로 할 줄 알면 더 좋고.

Day 17

라디안과
호도법

우식이 : 내가 싫어하는 라디안과 호도법! 드디어 나왔네. 이건 어디다 써먹는 건지 알 수가 없어.

불량 아빠 : 라디안과 호도법은 분량 자체도 많지 않고 독립적으로 시험에 나온다기보다는 삼각함수와 삼각함수의 미적분 기본개념으로 나오는 경우가 많아. 그래서 개념을 정확히 하지 않고 넘어가기가 쉬워. 사실 대충 외우고 넘어가도 문제 푸는 데는 지장이 없어. 하지만 우리의 목적이 뭐야? 왜 이 내용이 수학 교과서에 나와 있고 왜 배우는지를 알고자 하는 것이잖냐.

동현이 : 우리에겐 각도가 있잖아요. 간편하고 딱 봐도 이해가 가는 각도 대신 왜 라디안을 쓰고 호도법을 사용하는지 모르겠어요. 원래 수학은 단순함을 추구하고 거추장스러운 것을 싫어한다고 했는데 지금 일을 더 복잡하게 하고 있는 거 아닌가요?

불량 아빠 : 그래. 나도 너희들 나이엔 그렇게 생각했어. 그런데 알고 보니 그럴 만한 이유가 있더라고. 자, 들어봐.

우선 각도부터 보자. 완벽한 원을 한 바퀴 돌리면 그 각도를 360도라고 하고 우리는 이 각도를 기준으로 원이든 삼각형이든 설명을 하잖아. 각도는 어디서 나왔고 전체 원의 각도가 왜 360도일까?

먼 옛날부터 사람들은 하늘과 우주가 아주 큰 원이라고 생각했어. 바로 머리 위의 하늘을 밤이건 낮이건 틈나는 대로 올려다봤는데 그러다 보니 하늘이 계절에 따라 돌아가고 있는 것을 알아냈어. 하늘에 보이는 태양이나 밤하늘의 별들의 위치가 규칙적으로 변하는 것도 발견했지.

이런 발견은 하루아침에 한 것이 아니라 오랜 시간에 걸쳐 알게 된 건데, 그런 도중 관찰력이 남달랐던 누군가가 계절이 변하는 것과 별의 위치가 같이 움직이는 것을 알아냈어. 눈이나 비가 내리고, 더워지고 추워지고, 과일이나 곡식이 열매를 맺고 하는 것이 다 별의 위치와 같이 움직인다는 발견을 한 거지.

점차 문명수준도 발달하면서 좀 더 정확히 측정을 하기 시작했고 그것을 통해 사람들이 살아가는 데 중요한 정보를 얻기 시작했지. 지금도 그렇지만 옛날에는 날씨와 계절의 예측이 특히 중요한 문제였기 때문에 왕이 직접 챙기기도 했어.

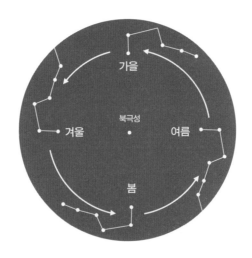

위의 그림은 북두칠성인데 보다시피 계절에 따라 별의 위치가 변하지?

사람들이 관찰을 거듭해서 알게 된 것은 태양의 위치가 돌고 돌다가 원위치로 다시 돌아오는 주기가 있다는 것이었고 사람들은 이걸 360일로 봤어. 또 그 360일 사이에 달의 모양과 크기가 변하는 주기가 12번씩 돌아간다는 것도 알았지. 달의 주기를 응용해서 시간은 12시간 단위로 나눠줬지.

동현이 : 어라. 근데 1년은 365일이잖아요?

불량 아빠 : 그렇지. 하지만 그 당시에는 1년이 정확히 365.242199일이라는 걸 아는 사람은 아무도 없었거든. 당시로선 360일이면 아주 정확한 예측치였고, 게다가 360이란 숫자가 계산하기에 여러모로 편리했어. 지금도 미국 등 금융시장에서 채권의 이자를 계산할 때 1년을 360일로 잡고 계산하는 경우가 많아. 다 계산이 편하기 때문이야.

컴퓨터가 발달하면서 이제 365일을 쓴다는 소식은 들었는데 이 아빠가 주식하다 폭삭 망한 후 금융 쪽은 쳐다도 안 봐서 확인은 못 해주겠다. 여하튼 간에 360이라는 숫자가 참 편리한 것이 360은 12 이하의 수 중 대부분인 2, 3, 4, 5, 6, 8, 9, 10으로 모두 나눠져 1년 단위 계획을 짤 때도 좋고 피자를 나눌 때도 좋고 365보다는 여러모로 편했어. 특히 계산기도 없었던 때는 더 유용했겠지.

동현이 : 그런데 시간은 왜 60분, 60초로 나눠져 있어요?

불량 아빠 : 아마도 그건 바빌로니아 사람들이 남긴 유산인 듯해. 고대 바빌로니아의 수메르인들은 60진법을 썼는데 이들이 해시계를 사용할 때도 시간을 60진법으로 나눴다는 기록이 있거든. 60이라는 수도 숫자가 아주 좋아. 360과 공배수도 많고, 뭔가 계산하기에 만만하지 않니?

오늘의 주제인 각도로 돌아가서, 자, 정리해보자. 옛날 사람들은 하늘이 원 모양으로 생겼다고 생각했고 밤하늘을 관찰하다보니 그 원이 돌고 있다는 걸 알았어. 또 돌아가는 주기를 관찰해서 1년이라는 계절이 변해서 돌아오는 주기를 발견했고 그 한 주기를 360으로 나눠서 하루라는 개념을 만든 거야. 이게 워낙 훌륭한 발명이어서 원처럼 한 바퀴 도는 모든 것을 측정하는 기준으로 사용하게 된 거지. 여기까지 오케이?

라디안은 왜 나온 거야?

우식이 : 아냐. 좀 이상해. 그렇게 지구가 태양 주변을 한 바퀴 도는 것을 기준으로 360도를 정한 것이라면 지구보다 태양을 더 빨리 돌거나 늦게

도는 별에서는 원 전체의 각도가 360도가 아니겠네? 이건 객관적이지 않잖아?

불량 아빠 : 아주 좋은 지적이야. 당연히 아니지. 예를 들어 화성에서는 680도쯤 될 거야. 거긴 1년이 680일이니까.

바로 이런 문제를 해결하기 위해서 라디안이 등장하는 거야. 라디안 (Radian, Rad, *θ*)은 숫자로 표시되어야 하는 각도와 달리 비율이야. 360도건 680도건 숫자를 붙이는 것은 상황에 따라 달라져서 지구에서는 360도인 것이 화성에서는 680도가 되고 이러면 곤란해. 절대적인 진리를 추구하는 수학에서 이럴 순 없는 거야.

그런 점을 해결해주는 것이 바로 비율을 이용하는 거야. 각도를 표시하는, 어느 별에서도 통하고 선진화된 방법이 바로 라디안이다, 이거야.

라디안은 원의 부채꼴의 반지름(radius)과 같은 길이를 갖는 호의 길이 (arc length)에 대응하는 부채꼴의 중심각의 크기인데 그걸 1라디안(radian)이라고 정의해. 이걸 호도법(弧度法)이라고도 부르는데 라디안은 각도를 비율(결국 길이)의 개념으로 표시하는 새로운 방법이야. 그림으로 보자.

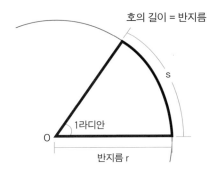

호의 길이 = 반지름

1라디안

반지름 r

라디안은 $\theta = s/r$인데 정의에 의해서 반지름 r과 호의 길이 s가 같으니 라디안 θ는 1이 되는 거야. 아, 그리고 θ 기호는 세타(theta)라고 불러.

예를 들어보자. 동현이가 운동 삼아 둘레 400미터의 원형 운동장을 몇 바퀴째 돌고 있어. 우식이 너는 운동장의 중앙에 있고.

우식이 입장에서 동현이가 몇 미터를 뛰었는지 알려면 동현이가 몇 바퀴를 돌았는지만 알면 돼. 각도만 알면 된다는 얘기지. 그런데 만약에 동현이도 자기가 뛴 거리를 알고 싶다면 각도를 사용할 수 있을까? 안 돼. 동현이는 우식이처럼 중앙에 자리잡고 있는 것이 아니라 계속 움직이고 있기 때문에 각도를 잴 수 없잖아. 자신이 달린 거리 정도만 알 수 있을 거야. 이럴 때 동현이한테 필요한 것이 라디안이야.

라디안의 정의를 재해석해보면, $\theta = s/r$이란 건 결국,
라디안＝동현이가 달린 거리/원형 운동장의 반지름이라는 거야.

동현이가 달린 거리를 반지름으로 나눈 새로운 측정기준이 생긴 거지. 1라디안은 굳이 360도 기준의 각도로 재보자면 57.3도 정도가 되는데 360도 기준으로 할 때 그렇다는 이야기야. 라디안을 쓸 경우 그 크기가 680도인 화성의 원이건 우리가 쓰는 360도 기준인 원이건 간에 같은 단위를 말할 수 있어. 왜냐면 라디안은 비율이니까. 화성에서는 1라디안은 108도 정도가 될 거야.

우식이 ： 이해가 갈 것 같기도 하고, 아닌 것 같기도 하고.

불량 아빠 : 아직도 이해가 안 간다고? 라디안이 나올 수밖에 없는 이유를 간단하게 생각하면 각도의 한계 때문인데, 20도＋20도는 40도가 나오지만 20도×20도는 답이 없어. 구체적으로 예를 하나 더 들어보마. 만약에 지구 주변을 돌고 있는 위성의 속도를 재고 싶다면 어떻게 할까?

우선 하늘 위의 위성이 움직인 거리를 재겠지. 그다음에 위성이 움직이면서 만드는 원의 반지름으로 나눠주면 라디안이 생길 거야. 각도가 아닌 거리를 기준으로 하기 때문에 라디안이라는 비율을 이용해서 훨씬 자연스럽게 위성이 "시간당 몇 킬로미터를 움직였다"라는 식으로 표현할 수 있어. 이걸 "시간당 45도 움직였다" 이런 식으로 표현하면 어색하잖아?

위성은 너무 거창했나? 조금 실생활에 가까운 예를 보자.

1초에 20미터(2000센티미터)를 달리는 대형트럭 바퀴의 반지름이 1미터였다고 쳐봐. 초당 20미터/1미터＝20이므로 바퀴를 1초당 20라디안을 돌았다고 말할 수 있어. 좀 어색하긴 하지만 그래도 1초에 1146도를 돌아갔다고 하는 것보다는 간단하고 계산이 편해.

거꾸로 생각해보자. 좀 전의 1미터 크기의 반지름을 가진 트럭 바퀴가 1초에 20라디안을 돌았다고 하면 즉시 20미터를 간 걸 알 수 있잖아. 1미터 반지름의 트럭 바퀴가 1초에 1146도를 돌았다고 하면 1146/360을 계산해야 하고 π도 들어가고…… 계산이 엄청 복잡해져.

나중에 삼각비 얘기하면서 또 설명하겠지만 라디안과 삼각비가 같은 성질을 가지고 있어. 라디안은 (비율을 통해) 원의 각도를 길이로 바꿔주고 삼각비도 (비율을 통해) 삼각형의 각도를 길이로 바꿔줘서 둘 다 각도라는 성질과 길이라는 성질이 서로 소통하도록 하는 역할을 해.

원의 둘레를 임의의 숫자(예를 들면 360)로 나누는 것보다는 라디안이 좀 더 세련된 방식이지. 그래서 그런지 실수에도 대응이 잘 되고 삼각함수와도 잘 어울려. 미적분하기에도 편하고.

자, 이제 라디안을 사용해야 할 이유를 알겠지? 아직도 모르겠다고? 음, 고백하는데 사실 나도 한참 후에야 이걸 이해했어. 대학교 때쯤. 고등학교 때는 내용이 얼마 안 되니 그냥 외웠었고. 게다가 요즘엔 각도를 이용해 삼각함수를 구하는 것도 계산기가 알아서 해주잖아.

여지껏 설명했던 이유 말고도 라디안은 각도와 달리 실수와 일대일 대응이 가능하다는 점, 각도를 이용해 미적분을 하면 상수가 생긴다는 점, 단위도 복잡해진다는 점 등의 이유 때문에 앞으로 삼각함수와 미적분에서는 각도가 아닌 라디안을 써. 특별히 각도라는 말이 없으면 라디안이라고 알고 있어야 해.

참고로, 라디안이라는 개념은 옛날 그리스 시대부터 있었지만 기록에 남은 것은 페르시아의 천문학자이자 수학자인 알카시((al-Kāshī)의 1400년대 기록에서야. 현대에 와서는 영국의 수학자 코츠(Roger Cotes)가 1714년에 라디안의 개념을 정리하고 발표했지만 이름을 정하지는 못했어. 그러다 1871년에 이르러서 물리학자 톰슨(James Thomson)이 라디안이라는 이름을 정했다고 해.

마지막으로 고등학교 가면 배우는 걸 맛보기로 하나만 보고 가자. 삼각함수의 극한에 자주 나오는 것인데, $\sin(x)/x$에서 x가 끝없이 작아지면 어떻게 될 것 같니? 식으로 쓰면, $\lim\limits_{x \longrightarrow 0} \dfrac{\sin(x)}{x}$이지.

보통 극한의 개념으로 설명된 것을 주로 볼 텐데, 라디안을 이용해서 개념을 파악할 수 있어. 여기서 x는 라디안으로 생각해야 해. 일단 $\dfrac{\sin(x)}{x}$는 원을 따라 움직이고 있는 점을 가리키고 있는 것인데, $\sin(x)$는 x가 있는 곳의 높이를 의미하고 x라디안은 원을 따라 얼마나 움직였느냐를 의미해.

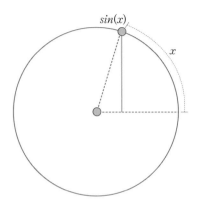

결국 높이가 한없이 낮아지고 x라디안의 이동거리도 한없이 낮아지면 높이와 거리의 비율은 어떻게 될까를 물어보고 있는 거야. 결국에는 둘 다 같아져서 답이 1이 된다는 결론이 나오는데, 높이를 표시하는 $\sin(x)$의 길이와 x라는 라디안의 길이를 비교하는, 즉 길이 대 길이의 비교이기 때문에 자연스럽게 이해할 수 있어. 이것이 만약 길이와 각도를 비교하는 것이었다면 이해하기가 쉽지 않았을 거야.

Day 18

삼각비와 삼각법

삼각비에서 삼각법으로

불량 아빠 : 자, 오늘의 주제는 삼각비와 삼각법인데, 외울 것도 많고 내용도 처음 보면 와닿지 않아서 아마 '수포자' 여럿 만든 주제일 거야. 용어설명부터 하자면 삼각비는 삼각형의 각도와 길이 간의 비율을 말하는 것이고 삼각법은 그것과 관련된 각종 법칙을 말하는 거야.

중학교 때는 직각삼각형 내에서 각도와 변의 길이 간의 관계가 어떻게 되는지에만 관심이 있었는데 이제부터는 거기서 파생되는 여러 공식들과 법칙을 배우게 돼. 그리스와 인도에서 발견한 삼각비와 삼각법은 아립인들에게 전해져 개념이 더 발전되고 그것이 레기오몬타누스에 의해 1464년 유럽에 소개되어 정교한 지리측정뿐 아니라 삼각함수로 발전하기 시작해. 이때부터 시계추의 진동이나 음파 같은 것을 측정하는 데 응용되기도 했지.

삼각함수는 내일 배울 거니까 오늘은 삼각비와 삼각법에 집중하자.

우식이 : 사인, 코사인, 탄젠트 이런 게 삼각비잖아? 근데 이게 도대체 숫자야, 각도야? 각도를 잰 것 같아 보이는데 아닌 것 같기도 하고, 분명히 길이를 나타내는 숫자는 아니고. 다른 궁금한 점도 많지만 일단 그게 이해가 안 가.

불량 아빠 : 좋은 지적이다. 설명해볼게. 만약 삼각형을 그림이 아닌 말로만 설명해야 한다면 어떻게 할래? 삼각형을 특징짓는 성질이 뭘 것 같아?

각도라는 성질과 (각 변의) 길이라는 성질밖에 없어. 하지만 문제는, 어제도 봤듯이 각도와 길이는 측정하는 단위가 다르다는 점이야. 그 문제를 해결하기 위해서 변의 길이와 각도 간의 관계를 비율로 설명한 게 바로 삼각비라는 거지. 그래서 용어도 '삼각-비'. 삼각비는 비율이니까 퍼센트라 할 수 있지. 삼각형은 이 3가지, 즉 각도, 변의 길이, 비율을 알면 다 설명할 수 있어.

쉽게 말하자면 삼각비가 서로 다른 언어인 각도와 길이(숫자) 사이에 통역사 역할을 해서 각도와 숫자를 하나의 공식에 집어넣고 사용할 수 있게 해주는 거야. 우선 역사적인 배경을 알아보자. 삼각비야말로 가장 오래된 문화유산이니까.

기록상 삼각비를 제일 먼저 공개적으로 사용한 사람은 기원전 6세기경에 살았던 고대 그리스의 철학자이자 수학자인 탈레스(Thales)였어. 그는 이집트 피라미드의 높이를 구한 것으로 당시 사람들을 놀라게 했는데 그때 삼각비를 이용했어. 기원전 3세기엔 같은 원리를 이용해서 에라토스테네스(Eratosthenes)라는 사람이 지구의 크기를 계산하기도 하지.

어떻게 피라미드의 높이를 쟀을까? 탈레스는 땅 위에 길게 늘어진 그림자를 보고 힌트를 얻었어. 태양의 고도에 따라 그림자의 길이가 달라지는 것에 주목한 거지.

탈레스는 피라미드 근처에 가서는 아래 그림처럼 막대기를 땅에 세운 후 막대기의 길이와 막대기 그림자의 길이가 같아질 때를 기다렸어. 바로 그 순간, 피라미드의 바닥 중심에서부터 피라미드 그림자 끝까지의 길이를 잰 값이 피라미드 높이 값과 같아지게 되겠지.[10] 막대기 하나와 그림자를 이용해 (각도와 변들의 길이 비율이 같은) 닮음 삼각형을 만들어서 피라

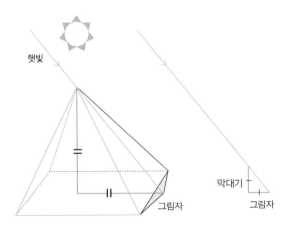

---

10   과학동아 편집실, 『수학자를 알면 공식이 보인다』, 23쪽.

미드 높이를 직접 재보지도 않고 구한 거지.

그 후 또 다른 그리스 사람들인 프톨레마이오스(Ptolemaeus)와 히파르코스(Hipparchus)가 삼각비 표를 만들어서 천문학에 응용했고 이걸 가지고 별과 지구의 거리를 구했다는 기록이 남아 있어.

어때? 일찍이 고대부터 사람들은 변과 각도 사이에 일정한 법칙이 있다는 것을 경험적으로 알았던 거야. 예를 들어 세상의 거의 모든 사람은 팔꿈치에서 손목까지의 길이와 발 길이가 같아. 사람들 간에 길이는 다르더라도 일정한 비율을 갖는 거지. 사인, 코사인, 탄젠트도 결국은 같은 이야기야. 도형들을 보니 뭔가 항상 같은 비율을 가진 녀석들이 자주 보이더라 이거였지. 사람들이 처음에는 사인(sine)에 대해서만 알고 있었는데, 나중에 코사인, 탄젠트 등이 더 추가됐어.

이렇게 삼각비는 인간들이 살아가면서 자연스럽게 알게 된 지식인데, 이것 역시 머리를 써서 귀찮은 걸 피하려는 노력의 열매야. 생각해봐. 농사도 하고, 집도 짓고 하다보니 땅 넓이도 재고 거리도 재고 이것저것 측정을 해야 하지 않겠어? 사람들이 여기저기 땅을 재려고 신발 닳도록 뛰어다니다 보니 너무 귀찮고 힘든 거야. 그래서 원래 모양과 같은 작은 삼각형을 그려놓고 비율을 따져서 원래 길이를 짐작하는 방법을 쓰기 시작했어. 이게 나중에는 땅, 바다뿐만 아니라 별 사이의 거리를 잴 정도로 발전했고.

우식이 : 그러니까 결국 수학의 시작은 귀찮아서였다 이거구만.

불량 아빠 : 그래, 어느 정도 맞는 말이야. 그래서 뛰어난 컴퓨터 프로그래머가 되려면 귀찮은 걸 싫어하는 게으른 성격이어야 한다는 말도 있어. 물론 그 분야에 흥미가 있어야 하겠지만.

원래 탈레스 이전의 그리스인들이 처음 발명했던 삼각비는 아래 그림의 왼쪽과 같은 모양이었어. 이것을 활에 걸려 있는 활줄과 같다고 표현했던 천문학자 히파르코스가 여기서 삼각형의 각도와 변의 길이 간의 관계를 기록하기 시작했지.

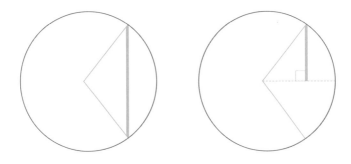

히파르코스는 원의 크기가 같을 때 활줄의 크기가 달라짐에 따라 각도가 변하는 것을 7.5도 단위로 일일히 기록하고 표를 만들었어. 이 표를 2세기쯤 프톨레마이오스가 더 확대시켜서 0.5도 단위의 표를 만들었지.

동현이 : 그런데 위의 저 삼각형을 가지고 삼각비를 어떻게 구할 수 있죠? 교과서에 나오는 직각삼각형이 아니라서 이상한데요?

불량 아빠 : 관찰력 좋구나. 우리가 지금 쓰는 삼각비는 6세기 이후 인도에서 만들어진 것들이야. 위의 그림 오른쪽에 나오는 것이 조금 더 비슷

하지. 고대 그리스인들이 독창적으로 삼각비를 발견하기는 했지만 그리스인들의 숫자체계는 이집트에서 이어받은 것이어서 발전하기에 태생적인 문제를 갖고 있었어.

뭔 얘긴고 하니, 고대 이집트인들이 숫자 3141592를 표시하려면 이렇게 상형숫자로 복잡하게 나타내야 했어.[11] 아니 숫자 하나 쓰는 데 "손 든 사람 3개, 올챙이 하나, 손가락 4개, 연꽃 1개 …" 이런 식으로 써야 하니 답답해서 쓰겠어?

한편 인도 사람들은 기원전 3세기에 이미 십진법 비슷한 브라미(Brahmi) 숫자를 사용하고 있었고, 5세기 정도엔 우리가 쓰는 십진법 숫자체계를 가지고 있었어. 인도 사람들이 삼각비를 보다 정교하게 만들어줬지. 활줄로 표시되던 삼각비를 간편하게 반으로 줄이기도 했고. 앞의 오른쪽 원 그림처럼. 활줄을 반으로 잘라서 직각삼각형을 만드니까 다음에 나오는 그림처럼 교과서에서 자주 보던 그림이 등장했어. 이 단순한 그림이 오랜 시간을 거쳐 그리스에서 인도로 오면서 만들어진 거야. 빗변은 활의 반쪽, 높이는 반으로 잘린 활줄이라고 볼 수 있어.

11   Alex Bellos, *The Grape of Math*, 63쪽.

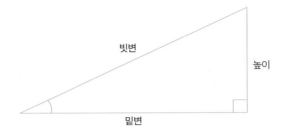

빗변

높이

밑변

자, 이렇게 직각삼각형을 만들어놓으니 이제 본격적으로 사인, 코사인, 탄젠트를 잴 수 있지? 사인(sine 또는 sin)은 '활줄의 절반'을 '반지름'으로 나눈 비율이고 코사인(cosine)은 '화살'을 '반지름'으로 나눈 것으로 보면 돼. 설마 아니겠지만 혹시 삼각비들이 기억이 안 난다면 지금 당장 교과서에서 확인해봐. 인터넷에서 찾아보든지.

참고로 중학교 때 봤던 삼각비 표를 이렇게도 쓸 수 있어.

	0°	30°	45°	60°	90°
sin	$\left(\frac{0}{4}\right)^{\frac{1}{2}}$	$\left(\frac{1}{4}\right)^{\frac{1}{2}}$	$\left(\frac{2}{4}\right)^{\frac{1}{2}}$	$\left(\frac{3}{4}\right)^{\frac{1}{2}}$	$\left(\frac{4}{4}\right)^{\frac{1}{2}}$
cos	$\left(\frac{4}{4}\right)^{\frac{1}{2}}$	$\left(\frac{3}{4}\right)^{\frac{1}{2}}$	$\left(\frac{2}{4}\right)^{\frac{1}{2}}$	$\left(\frac{1}{4}\right)^{\frac{1}{2}}$	$\left(\frac{0}{4}\right)^{\frac{1}{2}}$
tan	$\left(\frac{0}{4}\right)^{\frac{1}{2}}$	$\left(\frac{1}{3}\right)^{\frac{1}{2}}$	$\left(\frac{2}{2}\right)^{\frac{1}{2}}$	$\left(\frac{3}{1}\right)^{\frac{1}{2}}$	$\left(\frac{4}{0}\right)^{\frac{1}{2}}$

아랍인들은 삼각비를 인도에서 받아와서는 더욱 발전시키고 실생활에 다양하게 활용했어. 이를테면 금식을 해야 하는 라마단 시기를 정하고, 기도하기 위해 메카의 정확한 방향을 알아낼 때에도 삼각비를 써서 해결했어. 또 이들 이슬람교도들은 정확한 기도 시간을 위해 정교한 해시계가 필요했는데, 탄젠트와 코탄젠트는 아랍인들이 정확한 해시계를 만들기 위해 연구하면서 나온 것들이야.

레기오몬타누스(1436~1476)
독일의 천문학자, 수학자, 점성가로 여러 종류의 삼각비, 삼각법을 체계적으로 정리하여 유럽에 소개하였다. 『알마게스트』 등의 과학서적을 라틴어로 번역하는 작업을 했다.

이렇게 삼각비는 그리스와 인도, 그리고 아랍을 통해 유럽으로까지 전해지는데 삼각비에 관한 각종 지식들을 정리한 인물이 15세기 독일의 천문학자이자 수학자인 레기오몬타누스(Regiomontanus)란다. 레기오몬타누스는 원래 스승이던 퍼바흐(Georg von Peurbach)가 시작한, 『알마게스트Almagest』를 요약하고 설명하는 작업을 하면서 유럽에 선진 천문학을 도입한 사람이야. 또 1464년에는 『모든 삼각법에 대하여De Triangulis Omnimodis』라는 책을 발간하여 삼각비에 대한 모든 지식을 정리해.

이 책에서 레기오몬타누스가 그리스 시대부터 내려오던 전통적인 수학의 방식, 즉 정의와 공리에서 시작해 새로운 정리를 도출하는 체계적인 방식으로 삼각비와 관련한 법칙을 집필함으로써 비로소 삼각법이라 불릴 만한 체계가 만들어져.

레기오몬타누스는 그 외에도 당시 훈족이 지배하던 헝가리 코르비누스(Corvinus) 왕의 도서관 관장으로 초대받기도 했었는데 왕이 투르크족과의 전쟁 당시 빼앗아온 아랍의 책들을 보며 유럽에 없던 지식을 얻었다고 해. 또 왕이 병에 걸려 주변 신하들이 곧 죽을 것이라고 하자 레기오몬타누스가 왕이 아픈 건 최근 일어난 일식(日蝕) 때문이라고 다시 회복할 것이라고 주장했는데 실제로 왕이 건강을 회복해서 왕의 총애를 받았다는 이야기도 있어.

레기오몬타누스는 유럽 최초로 삼각법을 이용한 항해술, 일식과 월식

『알마게스트』
고대 그리스의 천문학자, 수학자였던 프톨레마이오스는 140년경 천동설을 주장한 13권짜리 천문서적『알마게스트』를 펴냈다. 이 후 1543년 코페르니쿠스가 지동설을 제창하기까지천 년이 넘는 기간 동안 이 책은 이슬람과 유럽의 천문학 교과서로 사용되었다. 천동설에 의한 천체 운동이 수학적으로 기술되어 있다.

의 기록 등을 수록한 책 『천문력*Ephemerides*』을 1474년에 발간하기도 했는데 이 책은 콜럼버스와 미대륙과도 얽힌, 사연 있는 책이야. 크리스토퍼 콜럼버스가 처음 아메리카 대륙에 도착했을 때 이 책의 내용을 통해 일식을 예측해서는 적대적이던 원주민들에게 자신들한테 물과 음식을 주지 않으면 신이 노할 것이라고 호통을 치기도 했대.[12] 이게 맞아떨어져서 원주민들이 그를 신처럼 모셨고 콜럼버스는 알다시피 살아 돌아왔지.

레기오몬타누스가 이렇게 새로운 지식을 소개한 후 이를 이어간 사람은 코페르니쿠스의 제자였던 레티쿠스(George Joachim Rhaeticus)였는데, 우리가 지금 공부하는 사인, 코사인, 탄젠트, 시컨트, 코탄젠트, 코시컨트 여섯 개의 삼각비는 레티쿠스가 1551년에 정리한 것이야. 그리고 그 후에는 피티스쿠스(Bartholomeo Pitiscus)가 1595년 『삼각법*Trigonometria: sive de solutione triangulorum tractatus brevis et perspicuus*』이라는 책을 발간하면서 삼각법(trigonometry)이라는 명칭을 처음 사용했어. 우리가 중학교 때 배웠던 독립적인 내용의 삼각법이 피티스쿠스에 의해 탄생하고 사인법칙, 코사인법칙 모두 이 책에서 나왔단다.

사인법칙과 삼각측량법

불량 아빠 : 이제 고등학교에 들어가면 꽤 자주 나오는 사인법칙을 살짝 보자. 삼각형을 여러 개 이어서 그려놓고 한 삼각형의 모든 각도를 재두면 그다음부터는 삼각형 하나의 변의 길이만 알아도 나머지 삼각형들의

---

12   Eli Maor, *Trigonometric Delight*, 43쪽.

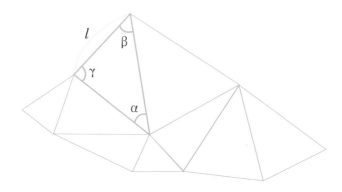

변들의 길이를 알 수 있는 것이 사인법칙이야.

보통 원과 관련되어 있어서 $\dfrac{a}{\sin A}=\dfrac{b}{\sin B}=\dfrac{c}{\sin C}=2R$처럼 원의 지름(2R)이 같이 나오는데, 지름을 1이라고 놓으면 $\dfrac{a}{\sin A}=\dfrac{b}{\sin B}=\dfrac{c}{\sin C}$ 이야.

그러니까 사인법칙에 따라서 l의 길이와 나머지 각도들을 알고 있으면 나머지 변들의 길이 $\dfrac{l\sin\beta}{\sin\alpha}, \dfrac{l\sin\gamma}{\sin\alpha}$ 는 자연스럽게 알 수 있다 이거야.

이렇게 위의 사인법칙을 이용해서 삼각형들을 땅에 그려서 땅을 측량하고 지도를 만드는 법을 삼각측량법이라고 해.

이 방법을 최초로 개발한 사람은 네덜란드의 프리시위스(Gemma Frisius)로 1533년에 길이를 재는 것보다 간편한 각도를 재는 방법으로 땅을 측량하는 방법을 개발했어. 이런 삼각측량법은 국가 차원에서 지도 제작에 요긴하게 활용되었다는군. 1668년 프랑스의 성직자이자 천문학자인 피카르(Abbe Jean Picard)가 루이 14세의 허락을 받고 삼각측량법을 이용해서 지도를 제작하기도 했지. 그런데 파리와 프랑스의 대서양 해안까

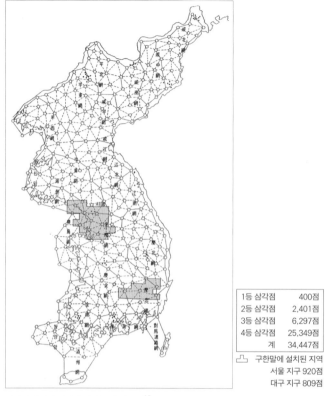

1등 삼각점	400점
2등 삼각점	2,401점
3등 삼각점	6,297점
4등 삼각점	25,349점
계	34,447점

구한말에 설치된 지역
서울 지구 920점
대구 지구 809점

일제강점기에 설치된 한반도의 삼각점[13]

지의 거리가 그동안 알던 것보다 짧게 나와서 루이 14세가 자기 땅이 줄어들었다며 기분 나빠했다고 해.

영국은 1800년부터 1913년에 걸쳐 인도의 땅을 측량했는데, 인도인들이 개발하고 발전시킨 삼각법을 영국인들이 다시 들고 와서 땅을 측량하니 인도인들 입장에서 얼마나 허망했을까!

이게 남 얘기가 아냐. 우리나라는 일제시대 때 일본인들이 1910년부터

---

13   김의원, 韓國國土開發史硏究, 大學圖書, 1987. 사이언스 온(http://scienceon.hani.co.kr/33926)에서 재인용.

거제도와 부산 봉래산에 삼각점을 두고 삼각측량을 시작했어. 게다가 이때 일본인들이 한반도 전역에 삼각점을 만들어놓았으니 이것도 참 울어야 할지 웃어야 할지 모를 일이다.

아무튼 우리가 사인법칙을 배우는 이유 중 하나는 이렇게 삼각법이 삼각측량에 쓰이기 때문이야. 삼각측량은 옛날에 지도 만들 때만 썼던 구닥다리가 아니야. 오늘날 자동차 네비게이션, GPS 등에도 여전히 활발하게 쓰이고 있어.

코사인법칙과 피타고라스 정리[14]

불량 아빠 : 우리가 예전에 헤론의 공식[15]을 대수적으로 증명할 때처럼, 모든 도형은 직각삼각형으로 나눠놓으면 다루기가 편해져. 또 어떤 형태의 삼각형도 직각삼각형으로 나눌 수가 있고 일단 직각삼각형만 만들어놓으면 그때부턴 피타고라스 정리를 사용할 수 있다는 걸 우린 배워서 알고 있지. 고등학교에서는 피타고라스 정리를 좀 더 확장해서 배우게 돼. 코사인법칙과 연관해서.

이제 피타고라스 정리를 확장한 코사인법칙이 뭔지 알아보자. 좀 전에 말했듯이 기하학에서 가장 중요한 건 각도와 길이의 관계이고 삼각형도 마찬가지야. 자, 이제 상상을 해봐. 동현이가 사막을 터벅터벅 걸어가다가 방향을 조금 틀었어. 그림으로는 이렇게 나타낼 수 있겠지?

---

14   Paul Lockhart, *Measurement*, 118쪽 내용을 참조.
15   이 책의 1권 Day 3, 74쪽을 참조하세요.

위의 걸어간 거리들을 두 개의 막대기라고 생각하고 막대기에 의해 만들어지는 각도를 보면 막대기끝이 가까울수록 각도가 적고 멀수록 커질 거야. 이것이 삼각법의 핵심이야. 삼각형의 변의 길이는 반대편의 각도에 의해 정해져. 이것만 알고 있으면 절반은 안 거야. 이제 삼각형을 만들어보자. 삼각형을 다룰 때 가장 중요한 것은 직각삼각형을 만드는 거라고 했지? 이제 점선처럼 선을 내리면 2개의 직각삼각형이 돼.

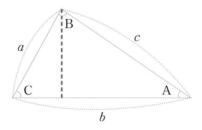

이제 직각삼각형이 2개 만들어졌으니 좀 더 자세히 뜯어보자. 우선 새로운 변들에 이름을 x, y, h로 지어주자.

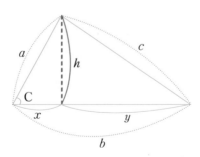

피타고라스 정리를 이용하면 2개의 식 $c^2 = y^2 + h^2$과 $a^2 = x^2 + h^2$이 생겨나고 원래 있던 $b = x + y$까지 3개의 식을 만들 수 있어.

이제 h^2은 $a^2 - x^2$으로 대체하고, y는 $b - x$로 대체하면 다음과 같은 식을 만들 수 있지?

$$c^2 = (b-x)^2 + a^2 - x^2$$
$$= a^2 + b^2 - 2bx$$

이제 위의 식을 자세히 보면, 피타고라스 식에 $-2bx$가 달라붙어 있는 모양이야. 사실 그동안 우리가 알던 피타고라스 식은 $2bx$가 0이던 특수한 모양이었고 이것이 원래 일반적인 피타고라스 식의 모습이야. $2bx$가 0이려면 C가 직각이면 되고, $2bx$는 C가 직각이 아닌 경우 이를 전체적으로 조절해주는 쿠션 역할을 해.

동현이 : 와와…… 중학교 때 배웠던 피타고라스 공식을 이렇게도 볼 수 있네요.

불량 아빠 : 신기하지? 이제 코사인법칙(정확히는 제2 코사인법칙)과 어떻게 연결되는지를 보자.

우리가 새롭게 만든 피타고라스 식을 보면 하나 거슬리는 것이 있는데 바로 x야. 원래 삼각형의 변의 길이인 a, b, c와 각도 A, B, C만 있어야 하는데 우리가 b를 x, y로 나눌 때 쓰던 x가 남아 있으니 좀 그렇지? 이걸 없애보도록 하자.

우리는 주어진 삼각형의 변의 길이와 각도만을 가지고 그 삼각형을 분석한다고 했는데 x는 변의 길이도 각도도 아니고 출신성분이 불분명한 녀석이야. 없애자.

우선, 원래의 삼각형에서 왼쪽 직각삼각형만 떼어내서 한번 볼까?

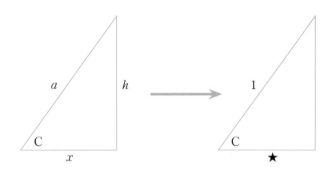

이 삼각형은 각도 C와 빗변 a에 의해 결정되는 삼각형이야. 그런데 이 삼각형의 a를 1로 바꾼다면 x는 뭐가 될까? 아직은 뭐가 될지 모르니 일단 ★라고 하자.

가만히 생각해보면 이해가 갈 거야. 이렇게 해도 삼각형들의 비율이 같기 때문에 x는 a★라고 바꿔 사용할 수 있어. 그리고 이걸 우리의 원래 식에 대입하면,

$$c^2 = a^2 + b^2 - 2ab★$$

어때 새로운 식은 좀 괜찮은가?

우식이 : 저 이상한 표시(★)가 좀 거슬리는데, 저런 걸 수학식에 써도 되는 거야?

불량 아빠 : 거슬린다고? 그럼 없애지 뭐. 어떻게 하면 없앨 수 있을까?

★ 표시가 있는 자리를 딱 보니 코사인이 들어가야 할 자리구만. 원래 a 가 들어갈 자리에 1을 만들어놨고 거기에 따른 문제도 x를 a★로 바꿔서 해결했으니 ★/1은 딱 코사인 C가 되네. 중학교 때 배운 삼각비 기억나 겠지? 빗변을 1이라 놓으니까 나머지들도 덩달아 간단해졌어.

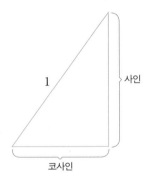

이렇게 벌써 코사인법칙까지 다 왔다. 아래 식을 보자.

$$c^2 = a^2 + b^2 - 2ab\,\mathrm{Cos}\,C$$

이건 결국 피타고라스의 정리를 일반화한 식이야. 게다가 모두 각변 a, b, c, 그리고 각도들 A, B, C만을 이용한 식이 나왔어. 여기서 C가 직각이 었으면 $2ab\,\mathrm{Cos}\,C = 0$이 될 테니 $2ab\,\mathrm{Cos}\,C$를 빼줬어. 그리고 C가 아래 처럼 90도(직각)를 넘어가면 거기에 대해서도 조정을 해줘야 해.

이 경우에는 다음과 같이 $2ab\,Cos\,C'$를 더해줘.

$$c^2 = a^2 + b^2 + 2ab\,Cos\,C'$$

코사인법칙을 보면서 삼각법에 대해 이렇게 해석하면 돼.

모든 도형의 기본요소는 각도와 변, 그리고 그들 간의 관계인데, 애들은 서로 성격이 달라서 잘 어울리지를 못해. 그래서 삼각비가 중간에 나서서 각도의 성질을 숫자처럼 만들어줘서 변의 길이와 잘 어울리도록 해주는 거야. 이를 통해서 각도의 정보와 변의 길이의 정보가 융합되고 소통할 수 있는 것이지.

오늘 배운 것을 다시 정리해보자. 일단 삼각비는 서로 다른 변의 길이의 비율이니까 퍼센트라고 보면 되고, 서로 다른 성질을 가진 각도와 길이도 퍼센트로 표현할 수 있게 되면서 그때부터 모든 정보(삼각비, 변의 길이, 각도)를 숫자처럼 취급하고 다양한 계산을 하는 게 가능해져. 아주 유용해지지. 그 덕택에 삼각비가 삼각함수로 발전해서 더 다양한 곳에 쓰이게 된 거야.

삼각함수에 대해서는 내일 알아보자.

Day 19

삼각함수

우식이 : 도대체 무슨 일이 있었길래 삼각비에서 삼각함수가 튀어나올 수 있는 거지? 고등학교 수학은 아직 얼마 공부해보진 않았지만 너무 예측불허에다가 복잡한 것 같아. 마음에 안 들어.

불량 아빠 : 삼각함수가 나온 과정은 로그가 함수가 된 것과 비슷하게 특이하고도 수학적으로 의미가 큰 사건이었어. 삼각형의 원래 모습과는 전혀 상관이 없는 주기함수로 다시 태어나거든.

삼각비와 원형좌표[16]

불량 아빠 : 우선 삼각비가 삼각형을 벗어나는 과정을 보자.

아래 그림을 보면 우리가 잘 알고 있는 직각삼각형이 원과 겹쳐져 있어. 삼각비를 설명할 때 자주 보던 그림이지. 원래 삼각비가 생길 때에는 데카르트가 발명한 평면좌표(직교좌표라고도 불리지)가 없었지만 설명을 위해서 직각삼각형을 평면좌표에 표시하곤 해. 빗변을 1이라고 두고.

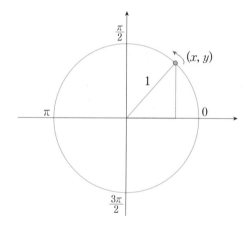

뉴턴을 비롯한 수학자들은 평면좌표 외에 다른 방식으로 좌표를 표시하는 방법에 관심이 많아서 극좌표(Polar Coordinates)라는 좌표 시스템을 만들기도 했는데, 그건 아직 설명하기엔 이르고, 우선 그것과 비스무리한 원형좌표를 보자.

---

16   Paul Lockhart, *Measurement*, 234쪽을 인용.

우식이 ： 아니 원형좌표는 또 뭐야?

모태솔로 사촌형 ： 원형좌표는 앞의 그림처럼 평면좌표에 라디안을 넣어서 표시하는 거야. 얼핏 보면 좌표를 레이더에 표시한 것 같은데 그렇게 이해해도 괜찮아.

그리고 평면좌표를 원형좌표(circular coordinate)로 변환할 때 삼각비가 함수처럼 숫자를 변환시키는 역할을 하는 과정에서 삼각비가 삼각함수로 변해. 일단 앞의 그림을 보면서 설명할게.

원형좌표는 원의 반지름(빗변＝1)과 각도로 우리가 원하는 좌표를 표시하는 거야. 그 점의 위치를 평면좌표로 (x, y)라고 하자.

그러면 아래의 표에 나타나는 관계가 성립해. 원을 따라서 존재하는 모든 점은 평면좌표로도 표시할 수 있고 원형좌표로도 표시할 수 있어.

P	x	y
0	1	0
$\dfrac{\pi}{2}$	0	1
π	-1	0
$\dfrac{3\pi}{2}$	0	-1

삼각비의 원래 의도가 각도를 길이와 잘 어울릴 수 있도록 하는 것이라고 했잖아? 그래서 사인과 코사인을 이용하면 보다 효과적으로 원형좌표와 평면좌표를 연결시킬 수 있어. 이렇게.

$$x=\cos A$$

$$y = \sin A$$

A는 평면좌표의 원점과 점 (x, y)가 만드는 (시계반대 방향의) 각도가 되고 s를 원래 라디안을 설명했을 때처럼 평면좌표상의 $(0, 1)$에서 원을 따라 (x, y)에 이르는 거리라고 놓아보자. 그러면 A는 s의 길이에 의해서 결정되겠지? s가 길어지면 각도도 커지고.

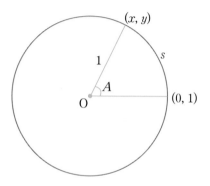

이제 A를 설명하는 단위를 각도가 아니라 어제 배운 라디안으로 바꾼다면 위의 좌표를 아래와 같이 쓸 수 있어. 아무래도 각도 A보다는 길이 s가 편해. 원래 위의 좌표에서 $\frac{s}{2\pi}$는 원을 따라 한 바퀴 돈 거리, 즉 원둘레에 대한 s의 비중(비율)을 말했기 때문에 $\frac{s}{2\pi} = A$였는데 라디안을 이용하면 2π를 쓰지 않고도 간단하게 다음과 같이 원형좌표로 표시할 수 있어.

$$x = \cos s$$
$$y = \sin s$$

내가 굳이 새로운 개념인 원형좌표를 설명한 이유는 원래 평면좌표였던 x, y가 위의 삼각비와 라디안으로 표시된 s를 통해 새로운 방식으로 표현될 수 있다는 걸 알려주려는 데 있어.

우리가 며칠 전 미리 배워뒀던 라디안을 통해서 삼각비는 이제 어엿한 함수가 돼서 숫자를 변환시키는 기능을 하고 있는 거야. 우리가 이미 배운 함수의 의미를 활용해서 설명하자면 이제 sin 또는 cos이라는 블랙박스 안에 s를 집어넣으면 x 또는 y가 튀어나오는 거지.

이렇게 삼각비는 단순한 비율에서 삼각함수로 바뀌면서 각도가 숫자에 대응되고 $\sin x$와 같은 함수 자체가 하나의 숫자처럼 사용되기 시작하는데 이런 방법을 처음 공식적으로 책에 남긴 사람은 케스트너(Abraham Gotthelf Kästner)라는 18세기 독일의 수학자였지. 그는 삼각함수를 사용함으로써 하나의 각도가 아닌 다양한 각도의 성질을 수식으로 표현할 수 있다고 했어.[17] 그러니까 각도를 대수에 적용하면서 수식처럼 다룰 수 있게 되었고 이로써 도형의 각도를 수학적으로 응용할 범위가 넓혀진 거야.

주기함수와 파스칼의 꼼수

불랑 아빠 : 삼각비는 사촌형이 설명한 대로 그 그래프를 응용하는 과정에서 함수의 형태로 변했는데 그 후 자연현상을 설명하는 데 아주 유용하게 쓰였어. 그런데 삼각비가 삼각함수가 되는 과정은 어떤 특정한 문제를 해결하려던 과정에서 나온 것이 아니라 여러 상관없어 보이던 일들이 모이면서 우연히 이뤄졌어. 들어봐.

17세기 들어 포물선이나 타원 등 2차 곡선과 관련된 물체의 운동에 대

---

17   Eli Maor, *Trigonometric Delight*, 53쪽.

해 수학자들이 자신감을 가지면서(즉 수학 I의 내용을 자세히 이해하게 되면서) 새로운 운동 형태로 관심을 옮겼어. 그 새로운 운동 형태는 진동운동이었어. 특히 시계추의 운동에 관심이 많았는데 항해 등의 기술이 발전하면서 정확한 시간을 재는 것이 중요했기 때문이야. 당시 과학자들은 시계추의 운동에 대한 정확한 이해를 통해 정밀한 시계를 만들고자 했어.

많은 사람들이 경쟁적으로 연구를 하고 의견교환도 하면서 궁리하고 있었는데, 뜬금없게도 시계추의 운동을 이해하는 데 돌파구를 마련한 것은 수학자들이 장난 삼아 가지고 놀던 사이클로이드(Cycloid, 파선)였어. 사이클로이드란 원을 직선 위에 굴렸을 때 원의 한 점이 그리는 곡선을 말하는데 이걸 처음 이름 지은 사람은 갈릴레오, 그리고 사이클로이드의 새로운 특성을 찾아내고 그 수학적 증명을 한 사람은 파스칼이야. 우리가 이미 한번 봤던 파스칼의 삼각형을 발견한 그 파스칼이지.

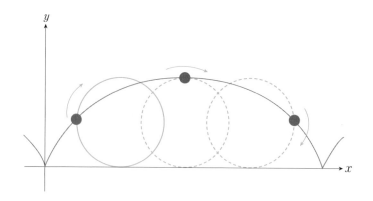

프랑스의 수학자이자 철학자였던 파스칼은 어느 날 극심한 치통에 시달렸는데, 치통을 잊어보려고 사이클로이드 연구를 시작했대. 그 후 8일 동안 집중해서 연구한 끝에 사이클로이드의 기하학적 특성을 알아내고

치통도 사라지는 일타쌍피를 기록했다고 해.

그런데 파스칼은 자신이 밝힌 결과를 곧바로 발표한 것이 아니라 이 문제에 상금을 걸었어. 프랑스, 영국, 독일 등 유럽 각국의 수학자 친구들에게 알리기를, 사이클로이드의 특징을 가장 잘 설명하는 사람에게 40스페인 금화를 주고 2등에게는 20스페인 금화를 준다고 공표했어.

여기에 우리가 미적분에서 다시 보게 될 월리스(John Wallis)도 도전해서 편지를 보냈는데 파스칼은 그 내용에 수학적인 실수가 있다고 무효화해서 월리스의 화를 돋웠다고 해. 렌(Christopher Wren)은 사이클로이드의 길이가 원의 반지름의 8배가 된다는, 파스칼이 모르던 사실도 발견해서 편지를 보냈지만 상금은 못 받았다고 해. 유럽의 수학자들이 파스칼의 꼼수에 넘어가서 파스칼만 좋은 일을 시켜준 거야.

결국 파스칼은 상금을 아무에게도 안 주고 자신의 발견을 발표해. 그가 사이클로이드의 무게중심, 면적 등 기하학적인 증명을 해서 내린 흥미로운 결론은, 원형으로 생긴 바퀴가 앞의 그림처럼 일정한 속도로 굴러간다면 사이클로이드를 만드는 원의 한 점의 이동속도는 꼭대기에서 가장 빠르고 땅에 닿는 점에서 잠시나마 정지한다는 사실이었어. 실제로 빠르게 달리는 차 바퀴를 보면 바퀴의 아랫부분은 눈에 잘 보이지만 윗부분은 잘 안 보이는 이유가 바로 여기에 있어.

우식이 : 거 참 신기하네. 그나저나 다 좋은데, 이거랑 삼각함수와의 관계는?

불량 아빠 : 들어봐. 파스칼이 비록 꼼수를 부려서 상금도 안 주고 자신의

명예만 챙겼지만 수학사에 기여한 바는 있었어. 바로 이 문제를 유럽의 지식인들에게 널리 소개하는 역할을 해서 이 사이클로이드에 대한 발견이 다른 중요한 발견으로 이어지게 되었단다.

파스칼이 사이클로이드에 대한 연구결과를 세상에 알린 후 호이겐스 (Christiaan Huygens)라는 네덜란드 과학자가 여기서 번뜩이는 아이디어를 얻었거든. 참고로 호이겐스는 성격이 좋은 사람이었다는데 라이프니츠가 처음 수학을 배우고 미적분을 발명하는 데 도움을 주기도 했다는군.

아무튼, 그 당시 호이겐스는 정확한 시계를 만들기 위해 시계추의 진자 운동을 연구하고 있었는데 별 진전이 없는 상태였어. 그러던 어느 날 문득 파스칼의 발표 내용을 보니 사이클로이드가 글쎄 시계추의 운동을 뒤집어놓기만 한 것일 뿐 둘 다 똑같은 운동 패턴을 보이더라 이거야. 그동안 그렇게 찾고 있었던 것이 거꾸로 뒤집힌 채로 눈앞에 있었던 거지.

게다가 이미 파스칼이 수학적인 증명까지 다 해놓은 상태여서 그냥 가져다 쓰기만 하면 되는 상황이었지. 마음을 곱게 써서 그런지 이런 행운이 찾아온 거야. 이 발견을 통해 호이겐스는 1657년 당시로선 세계에서 가장 정확한 최초의 추시계를 만들었는데 그때 진자(시계 추)의 길이(L)와 주기(T)의 관계를 다음과 같이 밝혀냈어.

$$T \approx 2\pi\sqrt{\frac{L}{g}}$$

(g는 중력의 가속도로 $g = \frac{9.81미터}{t초^2}$)

여기서 놀라운 사실 하나! 위의 식을 기초로 우리가 쓰고 있는 미터법의 1미터 크기도 결정이 돼. 이것은 렌(Christopher Wren)이 주장해서 받아들여진 것인데 한쪽 끝에서 시작해 다시 돌아오는 시간이 1초가 되는 시계추의 길이를 1미터로 하자고 제안한 거야. 다시 말하면, 시계추의 길이가 1미터가 되면 이것이 1초 만에 원래 자리로 돌아온다는 거지.

정확한 시계, 미터법 모두 파스칼의 사이클로이드 연구와 꼼수, 그리고 호이겐스의 우연한 발견이 이어지면서 나온 거야.

그 후에도 사이클로이드 연구는 계속 진행되었는데, 이번에는 다른 방향으로 전개됐어. 1635년 또 다른 프랑스 수학자 로베르발(Gilles de Roberval)이 주기적인 사인함수를 발견하고 소개했는데, 이것을 발견해내고는 '사이클로이드의 동반자'라고 이름도 붙여줬어. 사실 로베르발은 사이클로이드의 기하학적 특성에 대해 자신이 파스칼보다 먼저 발견했고 파스칼이 자신의 연구를 훔쳐갔다고 주장했는데 명확한 증거는 없었다고 해.

여하튼 로베르발은 사이클로이드처럼 원을 굴리지 말고 고정시켜 돌린 후 그 높이의 변화를 기록한 그래프가 바로 사인함수의 그래프라고 소개했지. $\sin\alpha = \dfrac{높이}{빗변}$이니 빗변을 앞에서처럼 1로 놓는다면 높이의 변화가 주기곡선으로 나타나는 거야. 아래 그림의 점 P가 원을 따라 이동할 경우 생기는 높이의 궤적을 그린 것을 사인곡선이라 부르고 영어로는 sine

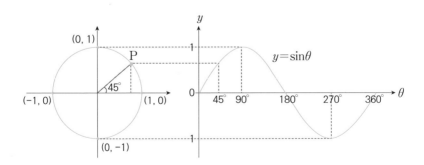

curve 또는 sinusoid라 부르기도 해.

사인곡선은 이렇게 곡선을 그리면서 일정 주기(2π)를 거쳐 원래 자리로 돌아오는 주기성을 가져서 주기함수라고 부르는데, 이것 역시 자연현상을 설명하는 데 아주 유용해. 당장 계절을 봐도 매년 봄, 여름, 가을, 겨울이 주기적으로 바뀌고 그 외에도 많은 자연현상이 이렇게 이뤄지잖아.

로베르발이 사인곡선을 발표할 당시 수학자와 과학자들의 관심사가 시계추의 진자운동뿐 아니라 다음 그림과 같은 용수철의 운동이나 소리의 진동과 주기 따위에까지 옮겨가고 있어서 사이클로이드 외의 수학적인 도구가 필요하던 시기였어. 그 후 사인뿐 아니라 코사인도 주기적인 삼각함수 그래프로 그릴 수 있게 되었고 이들 삼각함수는 미분과 적분이 적용될 수 있어서 자연현상의 움직임을 분석하는 데 적절했지.

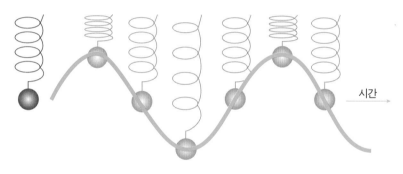

출처: http://labman.phys.utk.edu/phys135/modules/m9/oscillations.htm

삼각함수의 미적분은 1739년 오일러가 최초로 정리해 논문으로 발표했는데, 그 후 1755년 오일러가 출간한 『미분학*Institutiones calculi differntialis*』이라는 책에서 자세히 다룬 덕분에 일반인들도 배울 수 있게 되었어.

그리하여 이렇게 길고 긴 여정을 거쳐서 중학교 때 배웠던 삼각비가 삼각함수가 되어 고등학교 교과서에 나타난 것이니라.

그 후 삼각함수의 주기적인 성격을 더욱 적극적으로 자연현상을 설명하는 데 사용한 사람은 프랑스의 푸리에(Joseph Fourier)인데 수학자로서 나폴레옹과 이집트 원정을 같이 갔던 사람이야.

푸리에는 몸이 약해서 한여름에도 코트를 입고 다니는 등 온도에 민감했다고 해. 그래서 그런지 열역학에 지대한 공헌을 했어.

고교과정에는 나오지 않지만 푸리에가 1822년에 완성한 '푸리에 정리'란 것이 있어. 사인과 코사인 함수를 더하고 조합해서 모든 주기곡선을 표현할 수 있다는 이 이론은 전자공학, 지진학, 광학, 양자역학 등 광범위한 분야에서 핵심이론으로 자리잡았어. 간단히 설명하자면 주기곡선을 분석할 때 이를 보다 작은 주기의 삼각함수로 분해할 수 있으며 작은 삼각함수를 통해 진동을 보다 정확히 파악할 수 있다는 내용이야. 특히 음향을 연구하는 데 푸리에 급수는 필수적이라고 하더군.

푸리에는 최초로 주기곡선을 진동수(주파수)별로 구분하는 방법을 개발하기도 했는데 이러한 연구결과를 바탕으로 훗날 생물학자들이 인간이 소리를 듣는 과정을 이해하기도 했어. 간단하게 말하자면, 인간의 귀속 달팽이관에는 아주 작은 털(유모세포)들이 있는데 들어오는 소리에 따라 그것들이 떨려. 소리를 해석하기 위해 고주파에서 저주파로 유모세포들이 정렬을 하는데 이것이 푸리에 변환과정과 모습이 똑같다고 해.

미적분

Day 20

뉴턴의
미분

불량 아빠 : 드디어 고교수학의 꽃이라고 할 수 있는 미적분을 배우는구나. 이미 말했듯이 미적분은 1637년 데카르트의 평면좌표가 나온 이후 유럽의 수학자들이 움직이는 물체에 관심을 가지면서 탄생했어. 결국 뉴턴과 라이프니츠가 17세기 후반 혼돈스러웠던 미적분 개념을 체계적으로 정리해서 발표했지.

수학 I에서 배웠던 내용들이 현실을 단순·명확화한다면, 미적분은 분석과 예측을 가능하게 하는 중요한 수학 도구야. 수학 I이나 수학 II의 내용은 중국, 아

미적분을 설명하면서 함수나 다항식을 표시할 때, 예를 들어 $f(x)=x^2$에 나오는 $f(x)$기호는 오일러가 나중에 만든 것으로 $f(x)=x^2$이나 $y=x^2$이나 같은 것이다. function의 f를 갖다 붙여 좀 멋있어 보이게 쓴 것일 뿐 별다른 의미는 없다.

랍 등 대부분 문명권에서도 알고 있었고, 오히려 유럽보다 앞서고 있었지만 미적분은 유럽만의 독창적인 발견이었어. 이를 통해 유럽은 다른 지역들보다 앞선 기술을 갖게 되었지.

도대체 순간속도(순간변화율)가 뭐지?

불량 아빠 : 17세기 과학자들은 사물의 움직임에 대해 관심이 깊었는데 특히 움직이는 물체의 속도와 가속도에 관심을 가졌어.

어떤 움직이는 물체가 있다고 치자. 그 속도라는 것은 시간이 흐름에 따라 거리가 변하는 정도를 나타내잖아? 그런데 이게 말처럼 간단치 않은 것이 속도 자체가 시시각각으로 변할 수 있다는 문제가 있어. 가속도도 마찬가지고. 이런 문제는 순간속도 개념을 이용해 피해갈 수 있는데 당시 수학자들이 이걸 설명하는 것을 상당히 어려워했어. 태양계를 타원형으로 돌고 있는 별의 속도와 가속도를 알기 위해서 순간속도를 구하는 것들이 당시 과학자들의 골칫거리였지. 특히 이 순간속도가 뭔지를 파악하는 문제가 당시 많은 과학자들을 괴롭혔고 앞으로 며칠간 너희들도 괴롭힐 거야. 첫눈에 이해되는 내용이 아니거든.

다른 한편으로는 사물의 길이, 넓이, 부피를 구하는 문제도 여전히 확실히 해결되지 않은 문제로 남아 있었어. 17세기 수학자들은 지구의 부피를 구하는 문제 등 새로운 문제들을 찾아내서 부지런히 도전하고 끊임없이 지식을 넓히고 있는 상황이었지.

그런데 여기서 서로 달라 보이는 위의 두 종류의 문제들(순간속도 문제와 넓이 및 부피의 문제)이 결국은 하나의 수학 개념, 즉 특정변수의 다른 변수와 관계하의 순간변화율로 연결된다는 것을 알린 사람이 바로 뉴턴과 라이프니츠였지.

우식이 : 특정변수의 다른 변수와의 관계하의 순간변화율? 그게 뭔 얘기래?

불량 아빠 : 원래 중학교 때 다 배운 건데 표현이 조금 다를 뿐이란다. 자, 뉴욕 대학 수학과 모리스 클라인 교수가 설명했던 방식으로 설명해볼게.[18]

움직이는 모든 사물은 세 가지 특징을 가지고 있는데 그건 **변화, 평균변화율, 순간변화율**이란다. 변화라는 건 단순히 말해서 공을 하늘로 던졌을 때 땅에서부터의 높이가 달라지는 걸 말해. 간단하지.

좀 더 복잡해지는 건 변화율이 나오면서부터야. 사람들은 자신이 던진 공의 높이가 변하는 것뿐만 아니라 공이 얼마 후에 원하는 높이 예를 들어 10미터에 이르게 될 것인지가 궁금해졌어. 공의 높이라는 **특정변수**가 다른 변수(즉 시간이라는 변수)와 비교해서 얼마나 변하는지 알고 싶어진 거지. 여기서 공의 높이의 변화과정을 시간을 기준으로 측정한 것을 시간당 변화율이라고 해. 여기서 시간당이란 건 1시간, 2시간 같은 시간이 아니라 초, 분, 시간, 일 등을 모두 포함한 시간의 개념을 말해.

그런데 우리가 현실에 많이 쓰는 것은 평균변화율이야. 예를 들어 서울에서 부산까지 대략 500킬로미터를 5시간에 갔다고 하면 평균변화율(=평균속도)은 시속 100킬로미터다, 이런 거. 박찬호 선수가 시속 160킬로

18   Morris Kline, *Mathematics for the Nonmathematician*, 367쪽.

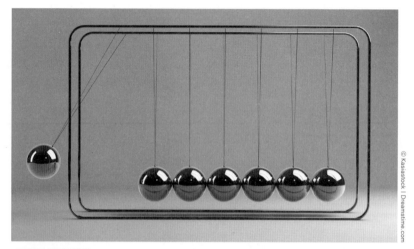

미적분의 새로운 발견

오래전부터 인간은 땅의 넓이나 부피 같은 고정되어 있는 것을 정확히 측정하기 위해 애써왔다. 그와 함께 별같이 움직이는 대상의 위치나 속도 등을 측정하고 예측하려는 시도 또한 꾸준히 있어왔다. 17세기까지 두 문제는 완전히 해결되지 않은 채 남아 있었으나 평면좌표에 이은 미적분의 창안으로 실마리를 찾을 수 있었다. 고정된 것과 움직이는 것. 그때까지도 사람들은 넓이를 구하는 문제와 속도를 구하는 문제가 각각 별개의 문제라고 생각했다. 움직이는 대상에는 시간이라는 변수가 추가되어 그 성격이 전혀 다를 것이라고 믿었기 때문이다. 그러나 이 둘이 사실 다르지 않다는 것을 두 천재, 뉴턴과 라이프니츠가 밝혀내면서 인간의 역사는 달라지기 시작했다.

미터의 공을 던졌다는 말도 결국은 평균속도를 의미하고 있어. 박찬호 선수의 공은 1초도 안 되어 타석에 들어올 텐데, 한 시간 동안 관찰하고 있는 것이 아니잖아.

이렇게 평균변화율(평균속도)이 실생활에 주로 쓰이기는 하는데 과학적 분석을 하는 데 사용하기에는 한 가지 문제가 있어. 만약에 서울에서 부산까지 운전하던 사람이 가다가 가로수를 들이받았다고 쳐봐. 이때 중요한 건 서울에서 부산까지의 평균속도가 아니라 가로수와 충돌하는 순간의 속도잖아? 여기엔 순간변화율(＝순간속도)의 개념이 필요해.

우리가 미적분의 핵심인 순간변화율(순간속도)에 대해 본격적으로 알아보기 전에 잠깐 짚고 넘어갈 것이 두 가지 있다. 첫째는 **시간**이라는 변수인데 움직이는 사물에 대해 관찰을 하려면 시간이라는 변수가 자동으로 포함돼. 시간별로 관찰해야 하니까. 또 시간이란 것은 항상 증가한다는 성질을 가지고 있고 순간변화율(순간속도)을 얘기할 때 그 순간은 대개 $t=1, t=2$ 등으로 표현된다는 점도 기억해두자.

그다음은 **속도**인데 이건 좀 더 미묘해. 평균속도를 구하려면 보통 움직인 거리를 시간으로 나누잖아. 이걸 순간속도에 적용해서 $0/0$으로 하면 가로수에 부딪칠 때의 속도가 0이라고 수학적으로 생각할 수도 있는데, 그걸로는 현실을 설명할 수가 없어. 왜냐면 부딪치는 자동차는 그 찰나의 순간에 분명 속도를 가지고 있었거든. 그 순간에 속도가 0이면 이 세상에 교통사고 나서 다친 사람은 없겠지? 이런 의문점을 해결해서 자연의 여러 운동법칙을 알아낸 것이 바로 오늘 우리가 배울 미적분이야.

뉴턴과 라이프니츠는 순간변화율(순간속도)의 이런 문제를 명확히 증명하지는 못했지만 적절히 활용하는 방법을 발견했어.

예를 들어서 어떤 물체가 공중에서 떨어지는 것을 측정했는데, d를 떨어진 거리(미터 단위)로 놓고 t는 시간(초 단위)이라 할 때 관찰을 통해 얻은 공식이 $d=5t^2$이라고 해봐. 실제 식은 5 대신 -9.81이 들어가는데 일단은 계산이 편하게 5라고 두자.

4초간 물체가 낙하했다면 떨어진 거리는 80미터($=5 \times 4^2$)가 될 거야. 우리가 원하는 순간변화율(순간속도)은 아직 얻을 수 없지만 조금 노력을 해보자.

우선 $d=5t^2$(또는 $y=5x^2$)은 함수관계로 표현하면 좀 더 자세히 알아볼 수 있어. 이래서 우리가 수학 II에서 함수를 미리 공부해둔 거야.

함수관계를 들여다보면 d(또는 y)는 t(또는 x)만 구할 수 있으면 $d=5t^2$ 식에 의해서 시간을 제곱한 후 5를 곱하면 나오고 이것은 시간(특정변수)과 물체의 위치(다른 변수) 간의 관계를 나타내는 그래프로 표현할 수 있어. 수학 I에서 배웠던 데카르트의 평면좌표도 나오겠지?

여기서 위치(떨어진 거리)를 나타내는 y는 x값에 의해 결정되는 것이고 $f(x)$로 표시되기도 해. 그걸 이용해보자. 시간이 지남에 따라 위치가 변하는 것을 식으로 표현하면 $\dfrac{f(1초\ 후)-f(지금)}{1초\ 후-지금}$이야. 분자에는 y변수들 간의 차이, 분모에는 x변수들 간의 차이가 들어간 거야. 직접 숫자를 넣어보면 더 이해가 쉽지.

3초 동안 떨어진 거리는 $d=5t^2$(또는 $y=5x^2$)이니 45미터야. 3초와 4초 사이의 1초간 떨어진 거리는 위의 공식[19]으로 표현하면 $\dfrac{f(4)-f(3)}{4-3}$이니

19　자세히 보면 교과서에서 자주 보는 기울기를 표시한 $\dfrac{\Delta y}{\Delta x}=\dfrac{f(a+\Delta x)-f(a)}{\Delta x}$는 $a=3$, $\Delta x=1$을 대입한 $\dfrac{f(3+1)-f(3)}{3+1-3}$이라는 것을 알 수 있습니다.

까 $\frac{5\cdot4^2-5\cdot3^2}{4-3}=35$가 되겠지. 그러므로 1초간의 순간변화율(＝순간속도)은 35미터/초가 되는 거야.

동현이 : 잠깐만요, 순간변화율(순간속도)과 1초를 비교하는 건 아니지 싶은데요. 1초 안에 얼마나 많은 일이 일어날 수 있는데요.

불량 아빠 : 그래. 제대로 봤구나. 1초간의 평균변화율(평균속도)을 순간변화율(순간속도)이라고 하기엔 너무 길지.

그럼 이것도 좀 크긴 하지만 0.5초 사이로 간격을 줄여보자. 3.5초와 4초 사이의 순간변화율(순간속도)은 $\frac{80-61.25}{0.5}$이니까 37.5미터/초가 나왔구나. 더 줄여서 3.9초와 4초 사이의 순간변화율(순간속도)은 39.5미터/초가 나왔어.

바로 아래 표는 0.5초 단위로 (떨어진) 거리를 기록한 것이고 그다음에 있는 표는 3.9초와 4초 사이에 (떨어진) 거리와 순간변화율(순간속도)을 0.01초 단위로 계산한 거야. 그런데 이게 점점 어떤 숫자에 접근을 하는 것 같기는 한데, 뭐라 단정지을 수는 없는 상태야.

시간 (초)	0	0.5	1	1.5	2	2.5	3	3.5	4	4.5	5
거리 (미터)	0	1.25	5	11.25	20	31.25	45	61.25	80	101.25	125

시간 (초)	3.90	3.91	3.92	3.93	3.94	3.95	3.96	3.97	3.98	3.99	4.00
거리 (미터)	76.05	76.44	76.83	77.72	77.62	78.01	78.41	78.80	79.20	79.60	80.00
순간 속도		39.05	39.15	39.25	39.35	39.45	39.55	39.65	39.75	39.85	39.95

뉴턴의 시대에는 컴퓨터가 없었지만 우리에게는 문명의 이기가 있지. 컴퓨터를 사용한다면 우리가 원하는 만큼 간격을 줄일 수도 있겠지만 그전에 생각을 해보자. 우리가 아무리 간격을 줄인다고 해도 정확히 4초라는 시점에서의 순간변화율(순간속도)은 구할 수가 없어. 여러 구간으로 쪼개서 계속 순간변화율(순간속도)을 구하다보면 어느 특정 숫자로 접근할 수도 있겠지만 그것이 진정한 순간변화율(순간속도)인지 알아내는 기준이 없거든. 뭔가 있는 듯, 보이는 듯 하지만 손에 잡히지 않아. 이 간단해 보이는 문제가 수천 년간 수학자들을 괴롭히던 문제인데, 며칠 후에 '제논의 역설'이라는 이름으로 다시 볼 거야. 일단 넘어가자.

뉴턴의 미분

불량 아빠 : 수학적인 증명은 못 했지만 실제로 순간변화율(=순간속도)을 찾아내서 현실문제에 적용할 수 있게 해준 것이 바로 미분이야.

우선 뉴턴이 도출했던 방식대로 따라가보자. $d=5t^2$이라는 공식을 뉴턴은 함수로 보고 자신의 이론을 세워나가기 시작했어.

좀 더 보기 편하게 $y=5x^2$이라고 바꿔서 설명할게. 뉴턴은 (x, y)의 관계가 성립하는 각 점들의 궤적을 그렸어. 다음 그림처럼. x축은 시간을 의미하는 것으로 계속 증가하고 y축은 떨어진 거리를 의미해.

원래 뉴턴이 적용했던 식은 3차식인 $x^3+ax^2+axy-y^3=0$이었는데 우리는 보다 이해하기 쉽게 간단한 식으로 보자. 원래의 식은 나중에 미분에 대한 이해가 어느 정도 되거든 도전해보도록.

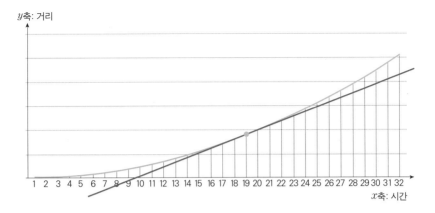

*y*축: 거리

1 2 3 4 5 6 7 8 9 10 11 12 13 14 15 16 17 18 19 20 21 22 23 24 25 26 27 28 29 30 31 32

*x*축: 시간

　뉴턴은 위의 곡선의 접점의 기울기(예를 들어 위 그림의 19초 지점에서의 기울기)가 바로 순간속도라는 것을 알고 있었어. 페르마나 데카르트, 배로 같은 사람들의 연구를 통해 이미 알려져 있었거든. 수학 I 배우던 마지막 날, 데카르트·페르마의 접선, 배로의 미분 삼각형에서 나왔었잖아. 기억 안 난다고? 간단한 거야.

　말하자면 평균속도를 정하는 양끝의 거리를 인간이 인식하지 못할 만큼 작게 줄였을 때의 평균속도가 바로 순간속도라는 건데, 그래프로 쉽게 이해해보자. 다음 그림(162쪽 그래프)에서 보듯이 파란색 곡선이 속도를 나타내는 곡선이라 할 때, x축은 시간, y축은 거리를 나타내고 있어. 이 곡선에 먼저 작대기 3을 갖다 대보자. 그럼 좌표가 $(t_3, f(t_3))$이 되는 점과 $(t_1, f(t_1))$이 되는 점에서 곡선과 만나는데, 이때 작대기 3의 기울기가 t_3과 t_1이라는 시간간격 사이의 평균속도가 된다는 거야. 작대기 2의 기울기는 간격이 조금 더 줄어든 t_2와 t_1 사이 간격의 평균속도라는 것이고.

　이제 간격을 최대한 줄여서 t_1이라는 한 점에만 작대기 1을 가져다 대보자. 이전에는 작대기와 곡선이 두 번씩 닿아 간격이 만들어졌지만 이번

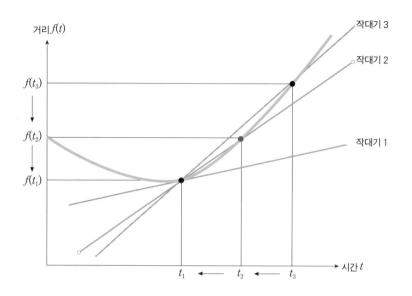

에는 곡선과 작대기 1이 딱 한 번만 닿게 하는 거야, 순간적으로. 간격이 "아주 작게", 0에 가깝게 만들어지는 경우 작대기의 기울기가 바로 순간 속도거든.

　작대기와 곡선의 "아주 작은" 부분이 닿을 텐데, 곡선과 작대기 1이 만나는 부분의 크기가 몇 센티미터인지 인간의 능력으로는 알 수 없어. 뉴턴은 바로 거기서 아이디어를 얻은 것이고 우리가 고등학교에서 배우는 미적분과 극한은 결국 이 간단한 사실에서 출발한 거야. 이거 중요한 거다.

　모태솔로 사촌형 : 지금껏 아빠가 그림으로 쉽게 설명한 걸 이제 뉴턴이 실제로 그 기울기를 찾은 방법으로 설명해볼게. 뉴턴은 수식으로 설명했고, d와 t가 아닌 x와 y를 기호로 썼지. 우리도 그렇게 하자. 뉴턴은 다음과 같이 식으로 나타냈어.

$$y = ax^2$$

y는 거리, x는 시간, a는 임의의 상수야. 임의의 상수는 그냥 a라고 자리를 맡아놓고 적절한 숫자를 대입해서 사용해. 우리의 경우 5를 대입하면 되겠지. 이제 특정 시점(x_1)에서의 거리(y_1)를 구한다는 의미로 다음과 같이 식을 쓰고, $y_1 = ax_1^2$의 x에 아주 조그만한 수를 더해보는 거야. 뉴턴은 특정한 시점에서 아주 가까운 시점을 하나 마음대로 정하고 나서 거기서 생겨나는 시간 차이에 따른 거리의 변화를 보려 했어. 그 간격이 아주 작아지면 순간속도에 근접할 것이라고 생각하고.

그 작은 간격을 우리는 Δx라고 하자. 교과서에도 이렇게 나오니까. 델타라고 읽는 이 Δ는 별것 아니고 그냥 증가하거나 감소한 수량을 멋있어 보이게 표현할 때 쓰는 거야. 원래 뉴턴은 Δ 대신 동그라미 o를 사용했는데, 이러면 영(0)과 헷갈려.

불량 아빠 : 이제 뉴턴이 원하는 식을 써보면 이렇게 될 거야.

$$y_1 + \Delta y = a(x_1 + \Delta x)^2$$

Δy는 거리(결국은 순간속도)가 변하는 만큼을 표현한 것이니 이것도 아주 작겠지. 식을 전개하면, $y_1 + \Delta y = ax_1^2 + 2ax_1\Delta x + a(\Delta x)^2$이 나와. 이제 Δx만큼의 변화에 따른 Δy의 변화를 보기 위해서 원래의 식인 $y_1 = ax_1^2$을 $y_1 + \Delta y = ax_1^2 + 2ax_1\Delta x + a\Delta x^2$에서 빼주면,

$$\begin{aligned} y_1 + \Delta y &= ax_1{}^2 + 2ax_1\Delta x + a\Delta x^2 \\ - \qquad\quad y_1 &= ax_1{}^2 \\[-2pt] \hline \Delta y &= 2ax_1\Delta x + a\Delta x^2 \end{aligned}$$

자, 정리해보자.

뉴턴은 Δx라는 것을 집어 넣어서 아주 작은 **시간**의 간격을 만들었고 따라서 **거리**는 $y_1 + \Delta y$가 됐어. 새롭게 생긴 거리를 시간으로 나누면 평균변화율(=평균속도)이 나올 거야. 이미 알고 있는 평균변화율(=평균속도)의 개념(조금 전에 3초와 4초 사이의 평균변화율을 구했었잖아)을 새로운 거리($y_1 + \Delta y$)와 시간($x_1 + \Delta x$)에 응용한 거야. 그래서 나온 것이,

$$\frac{\Delta y}{\Delta x} = \frac{2ax_1\Delta x + a\Delta x^2}{\Delta x}$$

$$= 2ax_1 + a\Delta x$$

이제 Δx가 아주 아주 작아지면서 $a\Delta x$는 사라지고 결국 $2ax_1$만 남게 돼. 이것이 $(x_1 + \Delta x)$ 구간사이의 평균변화율이면서 x_1에서의 순간변화율이 되는 거지.

여기에 원래의 공식에 있던 $a = 5$, $x_1 = 4$를 넣으면 4초에서의 순간변화율인 40이 나오지. 이걸 미분값, 미분계수라고도 하고, 도함수라고도 해. 그리고 우리가 미분계수(도함수)를 얻었던 위의 계산과정을 미분이라고 불러. 쉽지? 사실 우리는 $y = ax^2$이라는 곡선 중 한 점에서 접선의 기울기만을 구한 거야. 이미 우리가 배운 대수적인 조작을 통해 수학 I에서 다항식의 연산과 조작방법을 확실하게 해뒀다면 미적분을 다루는 데 문제가 없었을 거야.

뉴턴은 원래 이것을 표현하는 기호로 $\dot{y}$를 썼어. 내일 소개할 라이프니

츠의 기호에 밀려서 이 기호는 대부분 사라졌지만 물리학책에는 가끔 나오기도 하지.

우식이 : 잠깐, 그런데 앞에서 보여준 표에는 순간속도(변화율)가 39.95미터/초로 되어 있잖아?

불량 아빠 : 잘 봤다. 내가 딱 걸려버렸구나. 모든 일이 그렇지만 특히 수학을 공부할 땐 그런 세심한 관찰력이 중요하다.

표에 나온 것은 순간속도라고 했지만 사실은 3.99초와 4초 사이의 평균변화율일 뿐이었어. 뉴턴이 말하던 "0에 가까운 아주 작은" 간격이 아니라 0.01초의 간격일 뿐이지. 그 차이가 40미터와 39.95미터 간의 차이를 만든 거고. 뉴턴이 말하는 "아주 작은"이란 것은 0.01초보다 훨씬 작은 간격을 의미하고, 그 경우의 순간변화율(＝순간속도)이 40이야. 이 "작은 간격"은 사실 인간의 능력으로 구분할 수 없는 작은 간격을 의미해. 그러니까 인간의 한계를 뛰어넘은 그 작은 순간의 순간속도가 40이라는 얘기지. 미리 광고하자면 며칠 후 극한에서 이 말이 무슨 뜻인지 배울 거란다.

여기까지 미분의 개념을 길게 설명했는데, 이제 상황파악이 됐으니 이번엔 우리가 이미 알고 있는 이항정리를 이용해서 수식으로 짧게 살펴보자. 이건 좀 복잡하니 우리 사촌형이.

모태솔로 사촌형 : 우리가 교과서나 참고서에서 많이 봤을 $f(x)=x^n$을 미분하면 $f'(x)=nx^{n-1}$이 되는 것을 이렇게 이항정리로 설명할 수도 있어.

우선 $\lim\limits_{\Delta x \to 0} \dfrac{f(x+\Delta x)-f(x)}{\Delta x}$ 이니 $\lim\limits_{\Delta x \to 0} \dfrac{(x+\Delta x)^n - x^n}{\Delta x}$ 으로 바꿀 수 있지.[20] 이제 이항정리[21]를 이용해서 $(x+\Delta x)^n$을 전개하면,

$$(x+\Delta x)^n = x^n + \frac{n}{1}x^{n-1}\Delta x + \frac{n(n-1)}{1 \cdot 2}x^{n-2}(\Delta x)^2 + \cdots +$$

$$\frac{n(n-1)\cdots \cdot 2}{1 \cdot 2 \cdot \cdots \cdot (n-1)}x(\Delta x)^{n-1} + (\Delta x)^n$$

여기에 원래 식 $\left(\lim\limits_{\Delta x \to 0} \dfrac{(x+\Delta x)^n - x^n}{\Delta x}\right)$ 에서 나온 대로, 양변에서 x^n을 빼주고 Δx로 나눠야지. 우선 x^n을 빼면

$$(x+\Delta x)^n - x^n = nx^{n-1}\Delta x + \frac{n(n-1)}{1 \cdot 2}x^{n-2}(\Delta x)^2 + \cdots +$$

$$\frac{n(n-1)\cdots \cdot 2}{1 \cdot 2 \cdot \cdots \cdot (n-1)}x(\Delta x)^{n-1} + (\Delta x)^n$$

이제 Δx로 나누면,

$$\frac{(x+\Delta x)^n - x^n}{\Delta x} = nx^{n-1} + \frac{n(n-1)}{1 \cdot 2}x^{n-2}\Delta x + \cdots + \frac{n(n-1)\cdots \cdot 2}{1 \cdot 2 \cdot \cdots \cdot (n-1)}$$

$$x(\Delta x)^{n-2} + (\Delta x)^{n-1}$$

그런데 앞에서 $\Delta x \to 0$, 즉 Δx가 0은 아니지만 0 같은 "아주 작은" 수가 되므로 Δx가 들어간 항은 다 없어지고 nx^{n-1}만 남아. 그래서 $f'(x) = nx^{n-1}$. 어때? 말로 하는 것보다 수학적으로 표현하니까 훨씬 짧게 끝나지? 그래서 물리학자나 경제학자들은 수식으로 설명하길 좋아해.

---

20 $\lim\limits_{\Delta x \to 0}$ 은 극한에서 배우는 내용인데 아직 배우지 않았다면 그냥 Δx가 0과 거의 같아지도록 한없이 작아진다는 뜻으로 보면 본문을 이해하는 데 지장이 없습니다.

21 이항정리 내용이 기억나지 않으면 이 책의 1권 Day 3, 81쪽을 참조하세요.

익숙해지면 이게 더 편하거든. 뭔가 좀 있어 보이기도 하고.

아주 작은 수

불량 아빠 : 자, 이제 내가 너희들에게 관심법을 한번 써보마. 여지껏 내가 설명한 내용을 들으면서 너희들은 아마 이런 생각을 했을 거야. 뉴턴이 뭔가 거창한 발명을 한 것처럼 잔뜩 바람잡아놓고 결국은 "아주 작은" 간격을 만들어서 그 간격 사이에서의 평균속도를 구하면 우리가 그토록 찾고 있던 순간속도 또는 미분계수를 찾을 수 있다라고 하는데…… 겨우 아주 작은 간격을 만들어주면 모든 게 해결된다고 하니 좀 허무하기도 하고 왠지 모르게 사기당한 것 같다, 이런 기분이지?

동현이 : 어떻게 아셨어요?

우식이 : 아주 쪽집게네. 예전에 내가 불가분량에 대해 했던 질문과 같은 문제잖아? 이미 나온 걸 뉴턴과 라이프니츠가 또 쓴 거고. 게다가 아직 해결도 못 한 건데 뭘 발명했다는 거야?

불량 아빠 : 일단, 뉴턴과 라이프니츠가 미적분의 창시자로 불리는 이유는 그 "아주 작은"을 적극적으로 사용했고 설명하려 했기 때문이야. 그 이전의 수학자들은 그냥 대충 얼버무리면서 넘어가거나 말도 안 되게 설명했었거든. 이 둘은 "아주 작은" 수를 심각하게 미적분의 핵심내용으로 취급했고 직접 사용했어. 뉴턴과 라이프니츠는 또 미분과 적분의 관계를

알아내고 미적분을 다양한 상황에서도 사용할 수 있는 기법을 만들어 유명해졌단다. 이건 내일 라이프니츠를 다루다보면 좀 더 명확해질 거야.

덧붙여서, "아주 작은 수" 또는 불가분량(indivisible)이라 불리는 그것에 대해 궁금증을 가진 사람이 너희뿐만이 아니야. 심지어 위대한 철학자이자 노벨상까지 받은 버트런드 러셀(Bertrand Russell)도 학생 때 같은 질문을 했다가 쓸데없는 질문을 한다고 교수에게 혼난 적이 있대.

뉴턴과 라이프니츠가 미적분을 소개한 이후 다른 수학자들이 끊임없이 도대체 그 "아주 작은"이 뭐냐고 물었어. 뉴턴은 이걸 유율(fluxion)이라고 설명하고 라이프니츠는 무한대의 반대인 무한소(infinitesimal)라고 이름까지 지어줬지만 정작 그 개념에 대해서는 시원하게 설명을 못 했어. 뉴턴은 미분을 "아주 작은 속도의 비율이다"라고 설명하고 라이프니츠는 "무한히 작은 무한소의 합"이라고 설명했는데, 사람들이 이해하지는 못했어.[22]

미리 말하자면, 이 "아주 작은 수"가 존재하느냐 아니냐를 대수학이나 기하학으로는 설명할 수 없고 훗날 코시(Augustin-Louis Cauchy)가 부등식을 이용해 증명한 극한의 개념으로 설명이 가능하단다. 하지만 그 당시로서는 뉴턴이나 라이프니츠 같은 천재도 거기까지 생각할 수는 없었단다.

결국 수학자들은 그냥 이 "아주 작은"에 대한 수학적인 설명 없이 미분과 적분의 각종 응용기법들을 100년 동안 발전시켜나갔어. 이렇게 된 데는 미분과 적분이 당시 시대가 요구하는 현실적인 문제(별의 이동속도나

---

22   "아주 작은 수"에 관해서는 극한 부분에서 자세히 다룹니다.

궤적 구하기, 물체의 정확한 부피 재기 등)를 완벽하게 해결해줬다는 점이 크게 작용했지. 게다가 아까 곡선과 작대기의 접점으로 설명했듯이 현실에서는 말이 되었거든. 수학적 증명은 안 됐지만 쓰기에 불편함은 없었던 거야. 자동차 엔진작동 원리 몰라도 운전하듯이. 우리도 오늘 다항함수 ($d=5t^2$(또는 $y=5x^2$), …)의 순간변화율을 구하긴 구했잖아. 너희들이 아직 못 미더워하긴 하지만.

참고로 미적분의 증명이 제대로 되기 시작한 것은 프랑스 혁명 이후 귀족층 아닌 일반 시민에게 교육의 기회가 넓어지면서 훌륭한 수학자들이 많이 나오면서였다고 해. 이 얘기는 나중에 자세히 설명하마. 당분간은 "아주 작은" 그런 것이 있다고만 생각하고 그냥 따라오도록. 내일과 모레 미분과 적분을 모두 끝낸 후 극한 개념을 배우면서 도대체 이 "아주 작은"이 뭔지 제대로 알아보자.

우식이 : 수업 끝낸다니 좋긴 한데, 왜 계속 미루는 거야!

Day 21

라이프니츠의
미분과
미분법칙들

불량 아빠 : 어제 뉴턴을 봤으니 오늘은 라이프니츠를 보자.

뉴턴과 비슷한 시기에 미적분을 발견한 라이프니츠의 미분방식은 뉴턴의 것보다 배우기 쉽고, 미분 기호가 효율적인 데다 보다 설명이 명쾌해서 우리가 현재 배우는 미분방식과 기호는 라이프니츠의 방식을 따르고 있어. 배우기 쉬운 건 사실이지만 이렇게 된 데에는 라이프니츠의 마케팅 능력이 한몫했다는 이야기도 있어. 특히 라이프니츠가 유럽의 수학계에서 영향력이 컸던 베르누이(Bernoulli) 가문과 친하게 지낸 덕분이라는 주장이 있지.

뭐니 뭐니 해도 라이프니츠는 위대한 수학자 중 한 명이야. 미분을 덧셈, 뺄셈하듯이 쉽게 다룰 수 있는 법칙을 만들어냈기 때문이야. 그 덕분에 많은 사람들이 쉽게 미적분을 이해하고 발전시킬 수 있었어. 오늘 배우는 것은 처음 접하는 것이라 어렵게 보일 뿐 그 원리는 어렸을 때 배웠던 덧셈, 뺄셈 정도라는 점을 기억해둬. 연습을 통해 익숙해지기만 하면 될 일이야.

고등학생을 위한 구구단

불랑 아빠 : 자, 이제 라이프니츠가 어떻게 미분을 덧셈, 뺄셈 수준으로 쉽게 만들어냈는지 보자. 라이프니츠의 미분에서는 뉴턴이 말하던 유율 즉 $\dot{y}$를 $\frac{\Delta y}{\Delta x}$ 의 비율이 끝없이 작아진다는 의미로 $\frac{dy}{dx}$ 라고 표시해. 미분 자체가 상대적인 변화율을 보는 것이기 때문에 뉴턴도 비율의 개념으로 파악하긴 했지만 라이프니츠는 이렇게 기호를 써서 적극적으로 표현했어. 두 사람의 미분방법은 표현방식이 다른 뿐이지 내용은 같아.

뉴턴의 경우 $y=x^2$을 미분하는 것은 $\dot{y}=2x$로 표시하는 데 반해 라이프니츠의 경우 $d(x^2)=2xdx$라고 표시했어.[23] $\frac{d}{dx}y=2x$ (또는 $\frac{d}{dx}(x^2)=2x$) 라고 한 후 dx의 자리를 옮겨서 $\boldsymbol{d(x^2)=2xdx}$라고 표시해서 우리에게 친숙한 대수적인 방식을 쓰고 있어.

식의 의미는, "x^2의 변화율(변하는 속도)이 x의 현재 크기와 x의 순간변화율을 곱한 것보다 2배 크다"라는 뜻이야. 여기서 d와 dx는 거의 숫자처럼 다룰 수 있지만 숫자는 아니야. 오히려 ×, ÷와 같은 수학기호에 더 가까워. 그

---

23   Paul Lockhart, *Measurement*, 303쪽.

러므로 dx는 d와 x를 곱한 것이 아니야.

뉴턴의 방식에 비해 더 의미 있고 쉽게 설명한다는 느낌이 들지 않니? 라이프니츠의 미분방식은 복잡한 관계를 미분해서 특정한 순간 각각 변수들의 상대적 변화율을 설명할 때 특히 유용해. 현실의 문제에 적용하기 쉽다는 장점이 있지. 예를 하나 들어 살펴보자.

평소 꼼꼼한 우식이는 자신의 성적과 공부시간과 용돈이 관계가 있다는 감을 잡고 조사·기록한 결과 다음과 같은 놀라운 사실을 알아냈어.[24]

$$(\text{성적})^2 = (\text{공부시간})^2 + 3$$
$$\text{용돈} = 2 \times \text{성적} + \text{공부시간}$$

3개의 변수가 있는 데다 서로 얽혀 있어서 복잡해 보이는데 조금 보기 편하게 알파벳 기호로 바꾸자. 자, 기호를 성적→a, 공부시간→b, 용돈→c로 바꾸는 거야.

$$a^2 = b^2 + 3$$
$$c = 2a + b$$

고등학교 수학을 안 배운 사람들은 위의 관계밖에 모르겠지만 조금 더 배운 우리는 같은 정보에서 더 많은 지식을 뽑아낼 수 있어. 미분이 각각의 변수들의 상대적인 변화율을 구해주잖니? 우식이의 성적, 공부시간, 용돈의 상대적인 변화율을 분석해보는 거야.

---

24   Paul Lockhart, *Measurement*, 305쪽 내용을 재구성.

이게 원래 쉬운 게 아닌데 라이프니츠의 미분방식을 이용하면 아주 간단하게 할 수 있어. 식의 양변에다가 이렇게 d만 더하면 돼.

$$d(a^2) = d(b^2 + 3)$$
$$dc = d(2a + b)$$

여기서 라이프니츠의 미분의 법칙에 따르면 $d(x+y) = dx + dy$, $d(cx) = cdx$가 된다는 점을 이용해서 다음과 같은 식을 새롭게 도출할 수 있지.

$$2a\,da = 2b\,db$$
$$dc = 2da + db$$

만약에 성적(a)이 2단계 상승, 공부시간(b)이 1단계 상승, 용돈(c)이 5단계 상승한 상황이 있었다면 그 숫자들을 위의 식에 대입해볼 수 있어. 이미 말했듯이 d가 숫자가 아니란 점을 염두에 두고 우리가 가진 정보를 대입하면 다음과 같아져.

$$4da = 2db$$
$$dc = 2da + db$$

이것이 의미하는 것은 주어진 어떤 특정한 상황(성적(a) : 공부시간(b) : 용돈(c)이 $2 : 1 : 5$인 상황)에서 각각의 변수들은 $1 : 2 : 4$ 비율의 순간변화율(＝순간속도)을 보여준다는 거야.

다시 말하면, 우식이는 위와 같은 상황에서 성적이 한 단계 올라가면 공부시간은 2배 늘어나고, 따라서 용돈은 4배가 늘어나는 아주 바람직한 순간적인 반응을 보인다는 거지.

조금 과장된 적용을 하긴 했지만 이렇게 현실의 문제를 단순화하고 우리가 알고 싶은 여러 변수들의 순간변화율(순간속도)까지 계산할 수가 있단다. 실제로 자연과학, 공학뿐 아니라 경제학, 사회학 등에서도 이런 식으로 여러 변수들의 변화를 수학적으로 표현해. 그런데 이렇게 변수가 많아지는 상황에서 변수 간의 관계를 알아보려 할 때 뉴턴의 방식으로 하면 너무 복잡해서 이해하기가 쉽지 않아.

곱셈의 미분법칙(라이프니츠의 공식)

불량 아빠 : 이제 좀 더 세부적으로 들어가서 고등학교 시험에 나오는 미분법칙들을 보자. 교과서나 참고서에 보면 각종 미분의 법칙이 나오는데 복잡한 것들은 대부분 곱셈의 미분법칙 하나에서 변형된 것들이야. 곱셈의 미분법칙을 정확히 이해하면 나머지는 쉬워.

라이프니츠의 공식이라고도 불리는 곱셈의 미분법칙은 2개 또는 그 이상의 함수가 곱해져 있는 상황에서 미분하는 경우 사용해. 예를 들면 $z = (3t^3)(2t+3)$과 같이 생긴 것들을 미분하는 경우가 있어. 이때 $u = (3t^3)$, $v = (2t+3)$이라고 하면 $\Delta u = u(t+\Delta t) - u(t)$인데 $u = u(t)$라고 놓으면 $u(t+\Delta t) = u + \Delta u$라고 표시할 수 있어. 같은 절차를 통해서 $v(t+\Delta t) = v + \Delta v$라고 할 수 있고.

이제 $\Delta(uv) = (u+\Delta u)(v+\Delta v) - uv$를 전개하고 정리하면 $u \cdot \Delta v + v \cdot \Delta u + \Delta u \cdot \Delta v$가 된다. 이제 양변을 Δt로 나눠서 우리가 원하는 식으로 만들어보자.

우식이 : 왜 Δt로 나누는 거지?

불량 아빠 : 음. 중학교 수학을 제대로 공부했다면 하지 않았어야 할 질문이다. 우식이, 옐로카드!

수학에서는 식에 어떤 짓을 해도 양변에 동일하게만 해주면 상관이 없어. 그래서 수학자들은 보기 편하거나 실용적으로 의미를 갖는 모양으로 만들기 위해 여러 가지 방법으로 양변에 같은 수를 더하거나 빼거나, 곱하거나, 기타 등등을 한단다. 필요하다면 251100으로 양변을 곱해도 식에는 영향을 미치지 않아. 다시 식으로 돌아가서 Δt로 나누면,

$$\frac{\Delta(uv)}{\Delta t} = u \cdot \frac{\Delta v}{\Delta t} + v \cdot \frac{\Delta u}{\Delta t} + \frac{\Delta u}{\Delta t} \cdot \frac{\Delta v}{\Delta t} \cdot \Delta t$$

오른쪽 변의 마지막 항에는 Δt를 분모와 분자에 한 번 더 나누고 곱했어. 식의 값은 변하지 않지만 우리가 원하는 형식을 만들기 위해서.

늘 하던 대로, 이제 Δt가 한없이 0에 가깝게 줄어든다는 걸 강조하기 위해 Δt 기호를 dt라고 표시하면, 다음과 같은 식이 나오겠지.

$$\frac{d(uv)}{dt} = u \frac{dv}{dt} + v \frac{du}{dt}$$

이제 dt는 필요 없으니 모든 항에 dt를 곱해줘서 없애버리자. 그럼 $d(uv) = udv + vdu$라고 쓸 수 있고 그 의미는 "변수(함수)가 곱해졌을 때의 변화율은 변수의 자신의 크기(u 또는 v)와 상대변수의 변화율(dv 또는 du)을 곱한 것을 더한 것과 같다"라고 해석할 수 있어.

잘 안 믿기지? 그림으로 설명하면 좀 쉬울 거야. 얼마 전에 보니 MIT에서도 미적분을 처음 배우는 학생에겐 이렇게 곱셈법칙을 가르치더라.[25]

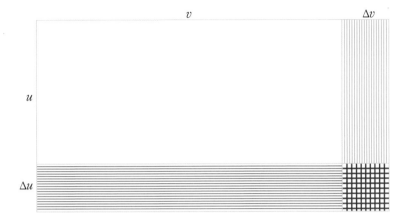

$\Delta(uv)=u\cdot\Delta v+v\cdot\Delta u+\Delta u\cdot\Delta v$라고 할 때, 원래 가로와 세로가 v 와 u로 이뤄진 사각형의 넓이가 uv라고 할 때 Δu와 Δv씩 변의 길이가 늘어나게 되는 경우 전체 사각형의 넓이는 검정색 가로줄이 쳐진 $v\cdot\Delta u$ 사각형 면적만큼, 또 파란색 세로줄이 쳐진 $u\cdot\Delta v$ 사각형 면적만큼, 그리고 사각형들이 겹쳐지는 $\Delta u\cdot\Delta v$ 사각형 면적만큼 더해진 값이 돼.

$\Delta u\cdot\Delta v$의 면적은 절대 0이 되지는 않지만 Δu와 Δv가 한없이 0에 가까워지고(아주 작아지고) 또 앞서 했던 것처럼 Δt로 각 항을 나누게 되면 없는 것과 마찬가지인 값이 되고 결국 $d(uv)=udv+vdu$가 되는 거야.

자, 이제 이 '아주 작은'은 잠시 잊고 라이프니츠 공식을 응용해보자. $d(u^2)$이나 $d(u^3)$은 어떻게 해야 할까?

25 http://ocw.mit.edu/courses/mathematics/18-01-single-variable-calculus-fall-2006/lecture-notes/lec3.pdf

$d(u^2) = d(u \cdot u) = udu + udu = 2udu$ 이고

$d(u^3) = d(u^2 \cdot u) = u^2 du + ud(u^2) = u^2 du + u \cdot 2udu = 3u^2 du$

$d\left(\dfrac{1}{u}\right)$은 조금 더 복잡하지만 원리는 똑같아. 우선 $u \cdot \dfrac{1}{u} = 1$이란 점을 이용해. 이걸 그대로 미분해보면 $ud\left(\dfrac{1}{u}\right) + \dfrac{1}{u}du = 0$이 나오고 식을 정리하면,

$$d\left(\frac{1}{u}\right) = -\frac{du}{u^2}$$

정신 없지? 마지막으로 위의 식을 응용해서 $d\left(\dfrac{u}{v}\right) = \dfrac{v\,du - u\,dv}{v^2}$이란 결과를 도출할 수 있어. 이건 오늘 숙제다. 이미 배운 내용에다가 약간의 창의력이 필요할 거야. 미분 나눗셈 법칙은 시험에도 잘 나오고 중요한데 반해 무턱대고 외우려 하면 잘 잊어버려. 그래서 기억에 잘 남도록 너희들이 직접 도출해보면 좋겠다.[26]

마지막으로 $d(\sqrt{u})$ 하나만 더 해보자. $d(\sqrt{u})$는 $\sqrt{u} \cdot \sqrt{u} = u$라는 점을 이용해. $d(\sqrt{u} \cdot \sqrt{u}) = du$이고 이건 $\sqrt{u}\,d(\sqrt{u}) + \sqrt{u}\,d(\sqrt{u}) = du$ 즉 $2\sqrt{u}\,d(\sqrt{u}) = du$. 정리하면,

$$d(\sqrt{u}) = \frac{du}{2\sqrt{u}}$$

참고로 어제 배웠던 $f'(x) = nx^{n-1}$이라는 공식을 통해서도 같은 결과인 $\dfrac{d}{dt}u^{\frac{1}{2}} = \dfrac{1}{2}u^{-\frac{1}{2}}$을 얻을 수 있어.

---

26   힌트: $d\left(\dfrac{u}{v}\right) = d\left(u \cdot \dfrac{1}{v}\right)$

복잡해 보이지만 모두 라이프니츠 공식을 응용한 거야. 눈으로만 보지 말고 몇 번 연습장에 쓰면서 직접 풀어보면 익숙해질 거야. 수학 I에서 방정식을 다루는 연습을 제대로 했다면 별로 어렵지 않을 거야.

라이프니츠의 공식을 마스터하면 미분은 못 할 것이 없어. 미분은 대학에 들어가면 이과는 물론이고 경제학이나 경영학에서도 자주 나오니 이쪽 공부를 더 하고 싶다면 라이프니츠의 공식은 확실히 알아두길.

라이프니츠 공식의 의미

불량 아빠 : 라이프니츠 덕택에 우린 이제 복잡한 변수들이 상황에 따라 각기 변하는 변화율을 동시에 알아볼 수 있는 간단한 방법을 알게 되었어. 라이프니츠가 없었으면 이것들을 일일히 손으로 계산하고 다시 모아서 전체적인 계산을 또 했어야 했을 텐데 그 길고 복잡한 작업을 몇 초 만에 해결할 수 있게 된 거야.

인간이 피라미드를 짓기 위해서 231개의 돌무더기와 187개의 돌무더기를 더해 몇 개인지 세어보려 한다고 쳐봐. 우리는 1자릿수를 더하고, 10자릿수를 더하고 100자릿수를 더하는 덧셈방법을 초등학교 때 배워서 아무 노력 없이 간단하게 계산할 거야. 이렇게.

$$
\begin{array}{r}
231 \\
+ \quad 187 \\
\hline
8 \\
110 \\
300 \\
\hline
418
\end{array}
$$

그런데 우리가 초등학교 때 이 방법을 배우지 않았다고 생각해봐. 그럼 방법은 돌을 모두 한 군데로 날라서 모은 후에 하나씩 세는 방법밖에 없어. 조그만 조약돌이면 모르겠지만 말했듯이 피라미드를 만든다고 했었다.

우린 방금 수많은 인간들의 수고가 필요한 일을 앉은자리에서 머리로만 처리할 수 있는 능력을 얻게 된 거야.

갑자기 뭔 뜬금없는 얘기냐고? 왜냐면 방금 배운 **라이프니츠의 공식**이 너희들이 어릴 때 배워서 지금까지 쓰는 덧셈방법과 똑같기 때문이야.

라이프니츠는 이렇게 각 변수들이 상황이 바뀜에 따라 변화하는 것을 일일히 확인하지 않고 계산할 수 있는 신묘한 방법을 개발했어. 특히 여전히 문제가 되고 있는 "아주 작은 수"를 건드리지도 않고 그냥 덧셈, 곱셈과 같은 하나의 계산법으로써 미분을 쓸 수 있게 해준 거야. 거의 구구단 수준으로. 이렇게 수학 I 정도의 수학 지식을 지닌 사람이라면 누구나 쓸 수 있는 미분방법이 있었기 때문에 당시 수학자들은 증명이 되지도 않은 미적분을 사용하는 데 주저하지 않았던 거야.

미적분을 뜻하는 영어단어인 Calculus는 라이프니츠가 지은 말인데, '조약돌', '셈'이라는 뜻의 라틴어 Cálcŭlus에서 가져온 말이라는군. 옛날 사람들은 수를 셀 때 작은 돌을 가지고 셌잖아. 이름마저 신묘하게 잘 지었어, 그렇지?

적분의 개념과 역도함수

불량 아빠 : 이제 뉴턴과 라이프니츠가 알아낸 미분과 적분 간의 관계를 살짝만 보자.

동현이 : 이거 정말 궁금했던 내용이에요. 우리가 배운 미분이 여러 변수의 상황에 따른 순간변화율을 알려주는 것은 알겠는데 이게 어떻게 적분과 연관이 될 수 있는지 상상이 안 가요. 미분의 순간변화율은 딱 봐도 항상 변화하고 움직이는 것이고 적분에서 나오는 도형의 넓이나 부피 같은 것은 고정되어 있는 것이잖아요.

불량 아빠 : 그래. 나도 처음엔 그렇게 생각했지. 오늘은 미분에서 적분으로 넘어가는 연결고리가 무엇인지 사촌형한테 물어보자.[27]

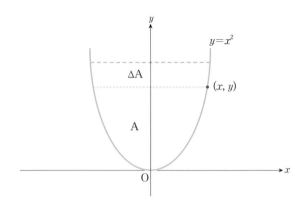

모태솔로 사촌형 : 우리가 그제와 어제 미분을 배웠으니 그걸로 면적을 구해보자. 미분으로도 면적을 구할 수 있다, 이 말이야.

자, 앞서 카발리에리가 적분을 구한 방법[28]과 똑같은 형식의 $y=x^2$ 형태의 그래프를 보자. (x, y)점에서 x축과 평행인 선을 그었을 때 그 내부의 면적을 구하고자 하는 거야. 와인잔에 차 있는 와인을 입체가 아닌 단면으로 보고 그 면적을 구하는 것이라고 보면 돼.

미분만 알고 있는 우리가 할 수 있는 것은 뭐가 있을까?

일단 위 그래프에서의 면적을 Area의 앞자인 A라고 놓아봐. 여기서 (x, y)점이 고정되어 있지 않고 그래프를 따라서 이동하면 평행선도 이동할 것이고 그에 따라서 면적이 변하겠지? (x, y)점이 변함에 따라 변하는 면적을 ΔA라고 해보자. ΔA는 상황에 따라서 양수(+)가 될 수도 있고 음수(−)가 될 수도 있어.

그런데 여기서 잠깐, 일단정지. 너희들의 촉이 좀 살아 있다면 여기쯤

27   Paul Lockhart, *Measurement*, 322쪽 내용을 재구성.
28   이 책의 1권 Day 10, 195쪽을 참조하세요.

에서 뭔가 느껴야 할 터인데. (x, y)점이 이동한다고 가정을 해버리고 그에 따른 ΔA라는 개념을 포함시키면서 가만히 있던 $y=x^2$ 그래프를 우리가 지금 움직이고 있는 셈이잖아. 수학에서는 이렇게 머릿속 상상만으로 새로운 사실을 발견해나갈 수 있어.

원하는 조건이 이제 만들어졌다. x와 y라는 두 변수와 그들의 관계를 보여주는 식($y=x^2$)이 있는 데다가 움직이기까지 한단 말이야. 움직인다는 건 우리가 그제, 어제 열심히 마스터했던 미분을 쓸 수 있는 모든 조건을 갖추고 있다는 얘기야. 마치 와인잔을 찰랑찰랑 흔들어줬더니 신기하게도 미분을 사용할 수 있는 상황이 된 거야.

이제 (x, y)점의 높이의 변화는 Δy로 나타낼 수 있고 그 변화에 따라서 늘었다 줄었다 하는 면적은 ΔA라고 쓸 수 있어. 그 ΔA의 면적을 정확히는 모르지만 최대한 추적해보면, 아래 그림과 같이 ΔA가 Δy의 변화에 따라서 변하는데 이걸 부등식으로 이렇게 나타낼 수 있어.

$$2x\Delta y < \Delta A < 2(x+\Delta x)\,\Delta y$$

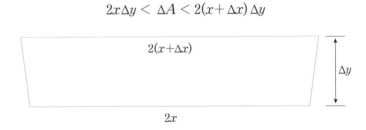

각 항을 Δy로 나눠보면 $2x < \dfrac{\Delta A}{\Delta y} < 2x+2\Delta x$가 되겠고, $2\Delta x$가 한없이 0에 가까워지면 결국 $\dfrac{\Delta A}{\Delta y}$는 $2x$에 접근하는 걸 알 수 있어. 이제 라이프니츠식으로 표기를 하면, $\dfrac{dA}{dy}=2x$ 또는 $dA=2xdy$.

여기서 보는 식이 좀 다른 점이 있지? 우리가 보통 보던 것은 $u=t^2$이라면 미분했을 때 $d(t^2)=2tdt$와 같은 형식으로 t만 나오는 데 반해 이번엔 미분한 결과가 $2xdy$가 되어서 x와 y가 모두 다 나오지? 이런 걸 미분방정식이라고 하는데 사실 우리나라 고교과정에는 나오지 않지만 이것이 미분과 적분 간의 관계를 연결해줘. 미분방정식이라고 하니 이름이 거창하지만 내용은 그냥 "A와 x, y 두 변수를 라이프니츠식으로 미분하면 이들 변수 간의 관계는 어떻게 변하나?"라는 질문에 답하는 거야. 방법도 간단해.

$dA=2xdy$라는 식에 y가 들어가니까 거추장스럽지? 그러니 y를 빼버리자고. 어떻게? 이렇게,

$$dA=2x\,d(x^2)$$

그럼 $d(x^2)=2xdx$이니 위의 식에 넣어주면 $dA=4x^2dx$.

자, 이제 이 식이 무슨 뜻일까 생각해봐. 좌변은 A를 미분한 거고 우변은 그 결과가 $4x^2dx$라는 얘기잖아. 그러니 미분하면 $4x^2dx$가 나오는 A만 찾으라는 거야. 그것이 바로 우리가 찾으려던 (x, y)점에서 평행선을 그어 만들어지는 와인잔의 단면면적이야.

이미 적분을 배운 상태라면 위의 식의 답은 찾기 쉬울 거야. 아직 적분을 배우지 않았다고 해도 앞서 배운 $f'(x)=nx^{n-1}$이라는 점을 이용해서 몇 번 시도해보면 미분해서 $4x^2$이 되는 식을 찾을 수 있을 거야. 연습장에다가 직접 해봐.[29]

---

29     $d\left(\frac{4}{3}x^3\right)=\frac{4}{3}3x^2dx=4x^2dx$

이렇게 우리가 배웠던 미분을 거슬러 올라가는 것이 적분이야. 엄밀히 따지면 이것은 역도함수(anti-derivative)라고 불려서 적분과 구분되기도 하는데 적분과 원리가 같다고 보면 돼.

사실 방금 든 예는 적분 중 쉬운 문제에 해당해. 대부분의 적분과정은 쉽지 않고 미분 때처럼 일정한 규칙도 없거든. 한 수학 블로거[30] 칼리드 아자드(Kalid Azad)는 미분과 적분의 관계에 대해 미분은 도자기를 깨서 조각조각을 봄으로써 변화율과 같은 성질을 알아내는 것이고 적분은 깨진 도자기 조각들의 무게를 재는 것이라고 비유하더라. 원래의 함수의(도자기의) 모습을 다시 복구는 못 하고 그 도자기가 얼마나 무거웠는지만 알 수 있다는 거지.

오늘 배운 것을 정리해보자.

움직이는 것을 측정하는 미분과 고정되어 있는 것을 측정하는 적분이 관계가 없어 보이지만 변수와 변수 간의 관계를 나타내는 식이 있다면 우리는 그 변수들이 움직인다고 가정을 하고 미분의 성질을 적용할 수 있어. 결국에 가서는 미분을 거슬러 올라가는 방법으로 계산을 하긴 하지만 미분의 성질을 이용해서 원하는 구역의 면적을 구할 수 있었던 거지.

오늘은 살짝 개념만 잡고 내일 적분을 좀 더 자세히 살펴보자.

---

30   http://betterexplained.com/articles/a-calculus-analogy-integrals-as-multiplication/

Day 22

적분

적분의 역사와 개념

불량 아빠 : 적분은 이미 오래전부터 면적을 재는 방법으로 알려졌지만 개념적으로만 이해되었고 계산이 복잡해서 그리 널리 사용되지는 않았어. 이것을 체계적으로 정리하고 사용 가능하게 한 사람이 알다시피 뉴턴과 라이프니츠야.

뉴턴은 처음부터 적분을 미분의 반대되는 개념으로 보았고 라이프니츠는 면적을 재는 방법으로서 적분을 연구하다가 미분과의 관계를 알아냈어. 시작부터 제대로 본 것은 뉴턴이지만 적분에 관해서는 라이프니츠가 보다 체계적이었고 또 더 많은 기록을 남겼어. 뉴턴 역시 적분에 대해 많은 연구업적을 남겼지만 일단 적분 기호 자체를 통일하지 않고 어떤 때는 $\bar{x}$ 또 어떤 때는 $\boxed{x}$를 쓰는 등 헷갈리게 해서 다른 수학자들이 잘 보지 않게 되었지.

라이프니츠는 통일된 기호를 가지고 있었고 다른 수학자들과의 교류도 많았어. 우리가 지금 적분 기호로 쓰는 길쭉한 s($\int$)도 라이프니츠가 1675년에 '더한다'는 뜻의 sum 앞글자를 따서 만든 거고, 당시 라틴어로 기록한 적분(calculus integralis)이라는 이름도 친구 요한 베르누이(Johann Bernoulli)의 조언을 받아들여서 라이프니츠가 정한 거야. 원래 라이프니츠는 $\int$보다 라틴어로 '모든 것'을 뜻하는 옴니아(omnia)의 줄임말, 옴(omn)과 같은 의미인 ω 기호를 쓰려고 했다가 마음을 바꿔서 현재 우리가 쓰는 기호를 채택했다는군.

우식이 : 옴보다는 인테그랄이 좀 낫긴 하네.

불량 아빠 : 우선 적분의 기호를 보자. 우리가 배우는 적분은 기본적으로 이런 형식이야.

$$\int x^2 dx = \frac{1}{3}x^3 + C$$

어제 봤듯이 $\frac{1}{3}x^3 + C$를 다시 미분하면 x^2으로 돌아올 수 있지. 보통 적분을 구하는 것이 미분보다 어려워. 적분도 몇 가지 법칙이 있기는 하지만 미분처럼 틀이 잡혀 있는 건 아니거든. 물론 우리가 배우는 것은 기초적인 것이니 걱정할 필요는 없지만.

동현이 : C는 뭔가요?

불량 아빠 : C는 적분상수라고 불리는 임의의 상수를 의미하는데 C에 어떤 숫자를 넣어도 답은 같아져. 직접 C에 아무 숫자나 넣어봐, C가 0이 되었건 5가 되었건 미분을 한 결과는 여전히 x^2이 될 거야. 미분을 할 때는 하나의 답만을 찾아가지만 적분을 할 때는 여러 개의 답이 있기 때문이야. 그래서 임의의 상수 C를 이용해서 답이 되는 모든 식을 표현하도록 하는 거야.

적분은 그저 복잡한 곱셈일 뿐이다

불량 아빠 : 이제 라이프니츠가 접근했던 방식을 보자. 적분을 배울 때 교과서를 보면 보통 "아주 작은" 사각형들을 합친 것이 곡선의 넓이가 된다고 나와 있는데 그렇게 보는 것도 맞아. 작은 사각형들의 넓이와 높이를 구해서 면적을 구하고 그걸 다 더한 것이 적분이야. 대개 고등학교 교과서에서는 그렇게 설명해줘. 그런데 오늘은 새로운 방식으로 적분을 이해해보자.

적분을 그저 곱셈의 새로운 변형이라고 보면 이해하기가 더 쉬워. 적분의 핵심은 면적 구하기가 아니라 곱셈이자 거리 구하기라고 이해하는 방법도 있어. 원래 '거리=속도×시간'이니 이것도 곱셈 아니야? 거리를 구하는 방식으로도 적분을 이해할 수 있단다.

사실 거리를 구하는 방법으로 이해하는 것이 갈릴레오부터 시작된 움직이는 물체에 대한 연구를 이어간다는 점에서도 연관성이 더 있어. 뭐 어느 방향으로 접근하든 결과는 같으니 편하게 생각하면 돼. 어차피 고등학교에 가면 면적으로 설명할 테니 오늘은 거리 구하기 방식으로 설명해볼게.

그 전에 러시아의 대작가 톨스토이가 쓴 『전쟁과 평화』 한 구절을 보자.

"인류는 셀 수 없는 개인의 의지에 의해 만들어지며 연속성을 지니고 있다. 이러한 연속적인 운동의 법칙을 연구하는 것이 역사 공부의 목적이다. 이는 무한소(즉 인간 개개인의 성향)를 적분하는(통합하는) 방법으로써만 그나마 가능하다."

역사의 흐름을 적분으로, 개개인을 극한에서 배울 무한소라고 표현했어. 소설 작품에 수학용어가 등장하다니 예사롭지 않지? 며칠 후에 다룰 극한과 미적분을 이해하고 나면 이 문장의 의미가 훨씬 와닿을 거야. 수학을 배워갈수록 느끼겠지만 미적분부터는 수학이 철학적이고 인간의 역사와도 연결된다는 말을 점점 더 실감할 거다.

자, 이야기를 계속 해보자. 만약에 일정하게 시속 100킬로미터 속도로 움직이는 지하철이 있고 동현이가 지하철역에 서 있다고 치자. 저 앞에 눈에 보이는 지하철이 30초 만에 바로 동현이 앞에 도착했다면 지하철이 움직인 거리는 얼마일까?

너무 쉽지? 거리＝속도×시간이니까 100(킬로미터)×0.0083(시간)＝0.833킬로미터, 즉 833미터 앞에서 달려왔던 거야. 여기서 지하철의 속도를 시속 100킬로미터라고 하면 다음과 같은 그래프를 그릴 수 있어.

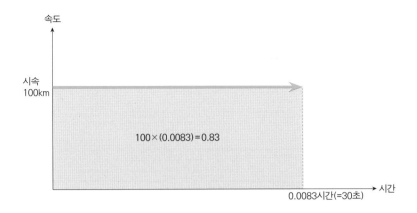

$$100 \times (0.0083) = 0.83$$

이상하게 보일지 모르지만 그래프에서 화살표 아래면적이 바로 거리야, 왜냐면 속도×시간이니까. 실제로 이렇게 계산할 수 있겠지?

우식이 ː 어, 맞아.

불량 아빠 ː 맞긴 뭘 맞아! 생각해보자. 지하철은 역을 지나쳐만 간 것이 아니라 지하철역에 와서 멈췄어. 위 그래프는 마치 지하철이 지나칠 것처럼 같은 속도로 내내 달려오다가 바로 앞에서 서버린 상황을 나타낸 것이 잖아. 상상을 해봐, 현실에선 그렇게 될 수 없어. 현실에서는 조금 급정거 같긴 하지만 대략 도착하기 15초 전에 지하철이 속도를 줄이기 시작할 거야. 다음에 나오는 그래프처럼.(192쪽 상단 그림)

식으로 써보면 $(100)(0.00415) + \frac{1}{2}(100)(0.0083 - 0.00415) \approx 0.62$가 돼서 지하철이 움직인 거리는 대략 620미터 정도가 나올 거야.

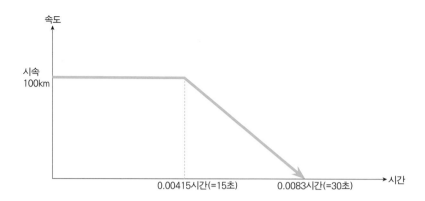

우식이 : 근데 우리 오늘 적분 배운다고 해놓고 웬 중학교 때 배우던 '수
와 식'을 다시 하고 있어?

불량 아빠 : 좋은 질문이다. 우식이의 까칠한 성격이 도움이 될 때도 있구
나. 왜냐면 적분이 거창한 게 아니라 중학교 때 배운 수와 식과 다를 것이
없기 때문이야.

이제 지하철이 아니라 자동차라서 속도가 다음 그래프와 같이 들쑥날
쑥하다면 어떨까?

적분 하면 다음의 이 그림이 바로 생각나야 해.

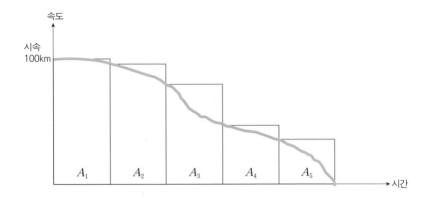

직사각형을 5개 이어서 들쑥날쑥한 선에 가까운 면적(거리＝속도×시간)을 구할 수 있어. 이걸 식으로 쓰면 $\int_0^s v(t)\,dt \approx A_1 + A_2 + A_3 + A_4 + A_5$. 이걸 정적분이라고 불러. $\int_0^s$의 아래와 위에 있는 0과 s는 0부터 s까지 모두 더해준다는 의미야. 속도 $v(t)$와 시간 t를 곱한 앞의 그림(191쪽)과 같은 것인데 이번에는 단지 속도가 고정되지 않았다는 점만 다른 거야.

이제 이 그래프를 식으로 나타내보자. 우리가 만든 5개의 직사각형은 가로길이가 모두 $\frac{s}{5}$로 같아. 높이는 함수 $v(t)$에 따라 변하겠지.

$$\int_0^s v(t)\,dt \approx \frac{s}{5}v(0) + \frac{s}{5}v\left(\frac{s}{5}\right) + \frac{s}{5}v\left(\frac{2s}{5}\right) + \frac{s}{5}v\left(\frac{3s}{5}\right) + \frac{s}{5}v\left(\frac{4s}{5}\right)$$
$$= \frac{s}{5}\left[v(0) + v\left(\frac{s}{5}\right) + v\left(\frac{2s}{5}\right) + v\left(\frac{3s}{5}\right) + v\left(\frac{4s}{5}\right)\right]$$

적분 별거 아니지? 여지껏 우리가 한 것들은 모두 수와 식에서 배운 것들과 차이가 없어.

만약에 직사각형이 5개가 아니고 n개라고 하고, 일반적인 식으로 만들면,

$$\int_0^s v(t)\,dt \approx \frac{s}{n}\left[v(0)+v\!\left(\frac{s}{n}\right)+v\!\left(\frac{2s}{n}\right)+\cdots+v\!\left(\frac{(n-1)s}{n}\right)\right]$$

여기서 괄호 안에 들어 있는 $v(0)+v\!\left(\frac{s}{n}\right)+v\!\left(\frac{2s}{n}\right)+\cdots+v\!\left(\frac{(n-1)s}{n}\right)$ 는 $\sum_{i=0}^{n-1}v\!\left(\frac{is}{n}\right)$ 로 쓸 수도 있으니 $\int_0^s v(t)\,dt \approx \frac{s}{n}\sum_{i=0}^{n-1}v\!\left(\frac{is}{n}\right)=\sum_{i=0}^{n-1}v$ $\left(\frac{is}{n}\right)\frac{s}{n}$ 가 돼.

이제 직사각형 5개로 면적(거리)의 근사치를 구하던 것을 또다시 "아주 작은" 무한개의 직사각형으로 만들 거야. 식을 아래와 같이 만들면 되겠지.

$$\int_0^s v(t)\,dt = \lim_{n\to\infty}\sum_{i=0}^{n-1}v\!\left(\frac{is}{n}\right)\frac{s}{n}$$

이게 바로 라이프니츠가 생각했던 적분의 개념이야. 여기서 중요한 것은 미분과의 관계야. 우리가 미분을 할 때는 최종목표가 순간속도였는데, 적분에서는 순간속도를 모두 더해준 것인 거리가 되는 거야. 서로 정반대의 개념이지. **거리, 속도, 시간**이라는 변수들을 통해서 미분과 적분이 왔다 갔다 한다는 것을 알고 넘어가면 고등학교 들어가서 미적분을 배울 때 이해하기 쉬울 거야.

그런데 적분은 미분과 달리 계산이 쉽지 않아서 뉴턴과 라이프니츠가 모두 적분기법인 치환적분과 부분적분 방식에 대해 기록을 남겨두었어. 그 후 수학자들이 함수를 적분한 내용을 정리해서 적분 표를 작성하곤 했어.

특히 요한 베르누이가 1742년에 발표한 『전집*Opera Omnia*』이라는 적분 책이 최초의 적분 전문 서적이었다고 해. 당시 적분과 관련된 최신 정보가 들어 있던 책이었는데 책 내용의 일부를 보면 다음과 같은 각종 적분

공식이 적혀 있어. 옛날 식이어서 공식이 조금 이상하지만 내용은 지금과 같아.

$$\int dx = x.$$

$$\int x\, l x\, dx = \tfrac{1}{2}\, x x\, l x - \tfrac{1}{2^2}\, x x.$$

$$\int x^2 l x^2\, dx = \tfrac{1}{3}\, x^3 l x^2 - \tfrac{2}{3^2}\, x^3\, l x + \tfrac{2}{3^3}\, x^3.$$

$$\int x^3 l x^3\, dx = \tfrac{1}{4}\, x^4 l x^3 - \tfrac{3}{4^2}\, x^4 l x^2 + \tfrac{3\cdot 2}{4^3}\, x^4 l x - \tfrac{3\cdot 2}{4^4}\, x^4.$$

$$\int x^4 l x^4\, dx = \tfrac{1}{5}\, x^5 l x^4 - \tfrac{4}{5^2}\, x^5 l x^3 + \tfrac{4\cdot 3}{5^3}\, x^5 l x^2 - \tfrac{4\cdot 3\cdot 2}{5^4}\, x^5 l x$$

$$+ \tfrac{4\cdot 3\cdot 2}{5^5}\, x^5.$$

$$\int x^5 l x^5\, dx = \&c.$$

요한 베르누이의 적분표(1697)[31]

원래 요한 베르누이는 미적분에 대한 종합적인 책을 쓰려고 했는데 당시 그에게 수학 과외수업을 받던 로피탈(Marquis de l'Hospital)이 수업 내용을 먼저 자신의 이름으로 출간해버려서 적분만 취급했다는 사연이 있어.

로피탈은 로피탈 정리로 유명한 그 로피탈이 맞는데 이게 사실은 베르누이의 아이디어였다는 거야. 과외를 받기 전에 수업 내용을 책으로 쓰겠다고 계약한 바가 있어서 베르누이가 화를 내지는 않았다고 해. 부유한 프랑스 귀족이었던 로피탈에게 두둑한 과외비도 받았을 테니.

이 얘기를 하는 이유는 요한 베르누이가 적분만으로도 책 한 권을 썼을 만큼 그 내용이 복잡하고 어렵다는 걸 말하기 위해서야. 실제로 현실에 적용하는 적분은 아주 어려워. 고등학교 교과서에 나와 있는 적분은 아주

---

31   William Dunham, *The Calculus Gallery*, 48쪽.

쉬운 일부분일 뿐이지. 여기서는 적분이 미분과 연결되어 있다는 점만 기억하고 치환법, 부분적분법 등 적분의 다양한 기법은 나중에 교과서에서 보충하도록 해.

Day 23

뉴턴과 라이프니츠,
영국과 독일의
미적분 논쟁

불량 아빠 : 자, 오늘은 야외수업을 한다. 날도 좋으니 찬찬히 산책하며 이야기를 이어가보자. 우리 동네 가까운 대학도 한번 둘러보고. 오늘 이야기는 우식이가 좋아하는 배경 스토리니까 연필과 연습장도 필요없어. 마음 편하게 듣기만 해.

뉴턴

불량 아빠 : 미적분의 창시자 뉴턴과 라이프니츠의 인생 이야기를 해보자. 훗날 영국과 독일이 미적분을 두고 대판 싸웠던 이야기도 들려줄게.

먼저 뉴턴부터 볼까? 뉴턴은 1642년 크리스마스 날 미숙아로 태어났어. 84세까지 장수했지만 태어날 당시에는 너무 작아서 살 수 있을지 걱정이 많았다고 해. 세 살 때 어머니가 재혼한 후에는 (뉴턴의 아버지는 뉴턴이 태어나던 해에 죽었어) 외할머니가 돌봤는데 내성적이고 소심한 성격으로 자라났다고 해.

뉴턴은 어렸을 때부터 친구들과 어울리는 것보다는 기계 등 뭔가 혼자 만드는 것을 좋아했대. 한번은 전등이 달린 연을 밤중에 날려서 동네 사람들을 공포에 떨게 했다는 이야기도 있어. 뉴턴은 평생 독신으로 살았지만 대학에 들어가기 전에는 결혼을 약속한 여자도 있었다고 해.

뉴턴의 엄마는 뉴턴이 농부가 되길 원했지만 삼촌이 어머니를 설득해서 결국 공부를 하게 되었고 1661년 케임브리지 대학에 입학하는데 그 당시 케임브리지 대학은 공부하기에 그리 좋은 곳이 아니었어.

뉴턴이 태어난 1642년은 영국내전이 일어난 해로, 청교도 혁명의 주인공 올리버 크롬웰(Oliver Cromwell)이 1649년에 왕을 몰아내고 권력을 잡았는데 1658년 크롬웰이 죽고 나서는 1660년 다시 찰스 2세를 왕으로 내세운 왕정으로 돌아오게 됐어.

옥스포드 대학은 당시 왕을 지지했던 데 반해 청교도를 지지했던 케임브리지 대학은 왕정복고 이후 온갖 불이익을 받았지. 뉴턴이 입학을 했을 때에는 학교 자체가 난장판이었어. 케임브리지 대학의 교수는 왕정에서 추천한 전문지식도 없는 정치인들로 채워졌어. 수업 한 번 안 하고 교수직을 유지한 사람도 있었고, 케임브리지 근처에 살지 않는 유령 교수들도 있었대. 교수들이 이러니 학생들은 뻔하지. 매일 학교에 가서는 친구들과 술만 퍼마시는 것이 일과였다고 해. 주변 술집은 장사가 아주 잘 됐다고

뉴턴(1642~1727)
'미적분의 발견'이라는 굵직한 업적에 가려져 잘 알려지지 않았으나 뉴턴은 대수학 분야의 고수였다. 그는 비에트가 남긴 대수학 연구, 바로 방정식 이론과 무한급수를 탐구하다가 미적분법을 발전시켰다. 미적분법 연구에는 데카르트가 1637년에 개발한 평면좌표가 중요하게 이용되었다. 뉴턴은 앞선 과학자, 수학자들에게 경의를 표하며 이렇게 말했다. "내가 좀 더 멀리 볼 수 있었던 것은 거인들의 어깨 위에 올라서 있었기 때문이다."

하더만.

뉴턴은 원래 라틴 문학과 아리스토텔레스 철학을 전공하려 했는데, 와보니 자신이 이곳 대학의 교수보다 많이 알고 있다는 걸 알고 그쪽보다는 자신이 잘 모르지만 관심이 많던 과학과 수학으로 관심을 돌렸어. 인류로서는 당시 케임브리지 대학 교수들에게 고마워해야 할 일이지. 게다가 케임브리지는 교수는 별로여도 도서관 하나는 끝내주게 좋았다고 해. 뉴턴은 도서관에서 책들에 둘러싸여 독학을 하며 지냈어.

주로 천문학 책들을 읽었는데 천문학을 이해하려면 기하학을 배워야 한다는 것을 알고 처음엔 유클리드 기하학을 봤대. 뉴턴은 바로 유클리드 기하학은 자신이 알고자 하는 내용을 알려주지 못한다고 판단하고 바로 데카르트의 책(우리가 7일날째 봤던 『방법서설』의 부록, 〈기하학 La Géométrie〉이었어)으로 넘어갔는데, 뉴턴이 남긴 기록에 따르면 데카르트의 책이 어려워서 처음 봤을 때 아무것도 몰랐고 세 번을 읽고서야 이해했대.

이거 봐, 뉴턴 같은 천재도 처음 볼 땐 어려워했는데 너희들이 뭐라고 대충 보고 수학을 포기하겠다는 거야. 수학은 원래 처음 볼 땐 다 어려운 거야. 수학을 포기하기 전에 적어도 수학책 세 번은 보고 나서 포기하겠단 소리를 해라, 이거야.

우식이 : 알았어, 알았어. 진정해, 아빠!!

불량 아빠 : 혼자 고군분투하며 공부를 하다보니 이렇게 열악한 케임브리지 대학의 면학 분위기에서도 귀인을 만나게 돼. 바로 수학 I 마지막 날에 말했던 배로(Isaac Barrow)가 그 주인공이지. 배로와의 교류를 통해 뉴

턴의 수학실력은 아마추어에서 전문가 수준으로 올라갔어.

이렇게 수학실력을 갖춘 후인 1665년 전염병이 돌면서 케임브리지 대학이 문을 닫게 되고, 고향으로 돌아가 있던 2년 사이에 만유인력의 법칙과 미적분을 발명하게 돼. 그 외에도 천문학, 물리학, 광학, 심지어 종교, 연금술까지 엄청나게 많은 업적이 있었지만 뉴턴은 자신의 발견을 공개하기를 꺼려 했어. 어렸을 때부터 형성된 뉴턴의 외골수적인 성격 때문인데 이로 인해 나중에 라이프니츠와 미적분의 최초 발견자가 누구인가를 놓고 싸우게 되는 상황까지 가버려. 처음엔 당사자들은 가만히 있고 주변 사람들이 싸우는 모습이었는데 나중엔 당사자들도 한판 붙게 돼. 좀 있다 얘기해줄게.

뉴턴은 1696년에는 런던 조폐국을 관리하는 직책을 맡기도 하는데 여기서 화폐를 만드는 과정을 개선하기도 하고, 1703년에는 영국 왕립학회(Royal Society)의 대표, 1705년에는 앤 여왕에게 기사작위를 받기도 하는 등 학자로서뿐만 아니라 공직자로서도 기여했어.

라이프니츠

불량 아빠 : 이제 라이프니츠에 대해 알아보자. 라이프니츠는 1646년 7월 1일 독일에서 태어났어. 라이프니츠의 아버지는 라이프치히 대학의 윤리학 교수였고 어머니도 학자 집안 출신이었지만 당시 독일은 30년 전쟁의 끝자락에 있어서 살기 편하지는 않았어.

라이프니츠는 어려서 그리스 로마 고전과 라틴어를 주로 공부했는데 그때부터 언어와 논리에 관심이 많았다고 해. 1661년 겨우 14세 나이로

라이프니츠(1646~1716)
독일의 수학자, 철학자, 법학자, 역사가로, 뉴턴과 비슷한 시기에 미적분을 발견했다.
그가 창안한 미적분 체계가 뉴턴의 것보다 배우기 쉽고, 기호가 효율적이어서 지금 우
리가 쓰는 미적분 방식과 기호는 라이프니츠식을 따르고 있다.

라이프치히 대학에 입학해서 1663년에는 학사, 1666년에는 법학 석사학위를 받았어. 20세 이전에 이미 석사를 받은 거지. 라이프니츠는 법과 윤리가 수학과 논리에 따라야 한다는 자신만의 철학을 가지고 있었는데 천재기질이 있어서 범죄를 통계적으로 분석하기도 하고, 계산기, 에어펌프, 렌즈 등을 발명하기도 하는 등 현대사회에서나 하는 일들을 생각해내곤 했어.

라이프니츠는 성인이 된 후 마인츠 지역에 영향력이 있는 권력자인 보인버그(Johann Christian von Boineburg) 남작을 만나게 되는데 그의 마음에 들어 보좌관 같은 역할의 비서로 일하게 돼.

보인버그 남작과의 인연으로 법학자에서 서서히 외교 전략가로 변신하는데 불행인지 다행인지 외교전략가로서는 소질이 없었어. 라이프니츠가 보인버그 남작에게 제안한 외교전략의 핵심은 이랬어.

"가톨릭 국가인 프랑스의 루이 13세도 그렇고 현재 루이 14세도 주변 신교 국가들에 대해 호전적인 모습을 보이고 있습니다. 조만간 독일을 공격할 것이 분명합니다. 이를 막기 위해 루이 14세의 관심을 이집트로 돌려야 합니다. 거기서 네덜란드가 가진 동인도 식민지를 빼앗도록 제가 파리로 가서 루이 14세를 설득해보겠습니다."

보인버그 남작은 이런 제안을 미덥지않게 생각했는데 라이프니츠를 파리로 보내주긴 했어. 그곳에 가서 프랑스의 외교관들을 만나고 루이 14세를 만날 수 있으면 만나보라고. 그리고 자신의 아들이 파리에서 공부하는 것을 도와주라는 임무도 줬어.

내 생각에는 보인버그 남작이 똑똑해서 기분 나쁘지 않게 라이프니츠에게 다른 임무를 준 것 같아. 왜냐면 라이프니츠의 이 황당한 '외교전략'이라는 것이 거의 소설 같은 것이었는데, 프랑스는 이집트를 통해 북아프리카와 지중해도 정복하고, 당시 독일을 괴롭히던 스웨덴은 폴란드와 함께 러시아의 시베리아, 크림반도, 흑해 등을 정복하고, 스페인은 남아메리카를 정복하고, 영국은 덴마크와 힘을 합쳐 미국을 정복한다는 거의 혼자 북 치고 장구 치는 황당무계한 세계정복 계획이었어. 내가 남작이었으면 아마 재떨이를 집어던졌을 거야.

현명한 보인버그 남작 덕분에 기분 상하지 않고 파리로 간 철없는(?) 라이프니츠는 당연히 루이 14세는 만나지 못했어. 예상과 달리 루이 14세는 바로 네덜란드를 공격했거든. 라이프니츠는 루이 14세가 전쟁광이어서 모든 사람들이 싫어한다는 정보 보고만을 남기고 관심을 다른 일로 돌렸어. 바로 수학이었지.

당시 문명의 중심지이던 파리에 머물면서 그는 그리스 수학과 최첨단 수학을 두루 섭렵했고 또 영국을 방문해서 영국의 과학자들과 교류하며 실력을 쌓아나갔어. 특히 네덜란드 출신 과학자 호이겐스(Christiaan Huygens)가 수학실력을 갖추는 데 필요한 책들을 알려주고 구해주기도 하고, 또 모르는 문제를 풀어주는 등 물심양면으로 도와줘서 라이프니츠도 빠르게 유럽 내에서 알아주는 수학자로 변신했어.

1675년쯤 미적분에 대한 개념을 발표했는데 처음엔 아무도 봐주질 않았고 그 이듬해에는 직업도 잃고(아, 보인버그 남작도 결국……) 돈도 다 떨어져서 파리를 떠나야 했어. 호이겐스가 프랑스 학술원에 추천을 해줬지만 그것도 불합격되고 갈 곳이 없었어. 덴마크 학술원이 관심을 보였지만 덴마크는 라이프니츠가 가기 싫어해서 결국 고향인 독일로 돌아갔어.

독일에 돌아가기 전에 여행으로 영국 런던에 갔는데 그때 뉴턴과도 가깝게 지내던 친구 콜린스(John Collins)의 집에 방문했다가 뉴턴의 논문 "해석학(De Analysis)"을 보게 돼. 이 일 때문에 나중에 라이프니츠가 뉴턴의 미적분을 베꼈다는 주장을 하는 사람들이 생겼어. 이 시기에 미적분을 발표했던 것도 시기적으로 맞아떨어지긴 하니까.

독일에 돌아와서는 하노버의 프레드리히 공작(Johann Friedrich)을 위해 일했는데 주로 행정일을 맡으면서 그 광산지역의 제철과 수출을 감독하기도 했어. 라이프니츠는 뉴턴과 마찬가지로 평생을 독신으로 살았는데, 50세 때 한 여성에게 프로포즈를 하긴 했었다. 그런데 그 여자가 라이프니츠를 별로 마음에 안 들어했는지 소식이 없어서 포기했다는 슬픈 전설이 있어.

사촌형 같은 사람이 하나 더 있었군······.

뉴턴과 라이프니츠의 싸움

불량 아빠 : 지금은 뉴턴과 라이프니츠가 각각 독립적으로 미적분을 발견한 것으로 결론이 났지만 누가 미적분을 발견했는가를 두고 오랫동안 영국과 독일 양국이 대립했어. 이 싸움에 당사자인 뉴턴과 라이프니츠도 학자들이 보일 수 있는 모든 추한 모습을 다 보여줬어. 그 시작은 약간의 불운에서 비롯됐지.

우선 뉴턴은 미적분을 발견한 다음 공개적으로 발표하지 않고 친구들에게 편지를 통해서만 알려주고 있었는데 1676년 어느 날 라이프니츠가 미적분을 발표했다는 걸 알았어. 그전에 자신의 친구인 올덴버그(Henry Oldenburg)를 통해 몇 번 편지로 수학에 대해 논했던 라이프니츠였기 때문에 혹시 자신의 미적분 연구를 빼내간 것이 아닐까 의심을 했던 거지.

뉴턴은 직접 편지를 써서 라이프니츠가 미적분의 방법을 어떻게 도출했고 또 자신이 연구한 것을 미리 알고 있었는지를 물었어. 그런데 그 편지가 라이프니츠에게 도착하기까지 6주라는 시간이 걸렸고 뉴턴은 라이프니츠가 답신을 받은 후 거짓말을 지어내느라 시간이 걸린 것이라고 의심했어. 게다가 두 번째 편지는 뉴턴이 보낸 지 8개월 후에 라이프니츠에게 도착했다고 해. 두 번째 편지에 대한 답신에서도 라이프니츠는 자신이 독자적으로 미적분을 발견한 내용을 자세하게 썼지만 뉴턴은 이제 라이프니츠가 표절을 했다고 확신을 한 단계였어. 하지만 뉴턴과 라이프니츠 사이를 이어주던 올덴버그가 1678년, 콜린스가 1683년에 죽으면서 둘 사이의 편지는 더 이상 없었고 그냥 묻혀버리는 듯했어.

뉴턴은 그 이후 약 20년간 아무 일 없는 것처럼 지내다가 1704년에 일을 터트렸어.[32] 자신의 저서 『광학Opticks』에 미적분을 이용한 방법이 포함되어 있었는데 미적분을 설명하면서 이렇게 썼다고 해.

"내가 수년 전에 미적분에 대한 내용을 설명한 원고를 친구에게 빌려준 적이 있었는데 빌려준 후 그 내용이 항간에 도는 것을 봤다. 그래서 여기 공식적으로 그 점을 밝힌다."

---

32   Eli Maor, *e: Story of a Number*, 91쪽.

이것은 바로 1676년 콜린스에게 빌려줬던 일을 말하는 것이고 라이프니츠를 겨냥한 것이었지. 이에 대해 라이프니츠는 1705년 독일 학술지 《학술 기요*Acta eruditorum*》에다 "미적분은 자신이 발명한 것이 분명하고 뉴턴이라는 사람이 같은 내용을 기호만 조금 바꿔서 발표했더라"라는 내용으로 응수했어. 특히 라이프니츠는 뉴턴이 옛날 카발리에리의 연구업적을 표절해서 자기 것처럼 쓴 파브리(Honoré Fabri) 같다고 하는 등 신경질적인 반응을 보였어. 드디어 영국과 독일 간의 싸움이 시작된 거야.

사실 뉴턴은 영국인들만이 응원했고 라이프니츠의 지원군은 유럽대륙인이었어. 특히 라이프니츠는 당시 수학 쪽 권위자였던 베르누이 가문의 후원도 받고 있었지. 요한 베르누이는 1713년 뉴턴의 자질이 의심이 간다고 인신공격을 했다가 다시 그 말을 취소하는 해프닝을 벌이기까지 했어. 물론 소심한 뉴턴은 이미 상처받았지. 뉴턴이 직접 자신의 명예를 훼손했다고 반박하기도 했으며 핼리(Edmund Halley), 케일(John Keill) 등 영국의 학자들이 모두 나서서 뉴턴을 옹호하기 시작했어.

결국 이 논란에 대한 조사를 영국 왕립학회가 맡게 되었고 관련된 학자들의 이야기를 듣고 또 그들이 돌린 편지도 검토해서 뉴턴과 라이프니츠가 각각 독자적으로 미적분을 발명한 것이 맞지만 미적분을 먼저 발명한 것은 뉴턴이라는 결론을 내렸어. 조사를 담당한 사람들이 대부분 뉴턴의 친구임에도 이 정도로 한 것은 나름 공정한 것이었어. 여기까지는.

이렇게 해서 논란이 끝나는 것 같지? 아직 하나 더 남았어. 뉴턴은 막판에 역사에 남을 뒤끝을 보여줘. 1721년, 이때는 이미 라이프니츠가 죽은 지 6년이 지난 때인데, 영국 왕립학회는 미적분 논란에 대한 2차 보고서를 만들기로 했어. 그 보고서의 최종 감독자는 바로 뉴턴! 뉴턴은 이제 나

이가 80세였는데 노익장을 과시하면서 모든 보고서 작성에 관여해서 1차 보고서의 내용을 대부분 바꿔버려. 물론 자신에게 유리하도록. 그러고서는 그것도 성에 차지 않았는지 1726년에는 새롭게 인쇄한 자신의 책에서 라이프니츠라는 이름을 모두 지워버렸대.

영국과 독일의 미적분 전쟁은 아직도 진행형이야. 독일의 발젠(Bahlsen)이라는 회사가 1891년 '라이프니츠(Leibniz)'라는 이름의 과자를 선보였는데, 우연인지 같은 해에 영국인들이 세운 미국 필라델피아의 회사에서 만든 과자 이름이 '뉴턴(Newtons)'이었어. 자, 여기 있는 과자 두 종류를 모두 먹어보고 과연 무엇이 미적분 우선권 논쟁을 낳았는지 곰곰히 생각해보자.

영국 수학의 정체(停滯)

불량 아빠 : 영국과 독일의 자존심 싸움은 이상한 곳으로 불똥이 튀었단다. 자존심 때문에 영국의 수학이 다른 유럽 지역에 비해 100년간 정체되는 일이 벌어져. 물론 그 이후 영국의 수학은 급속히 발전해서 오늘날까지도 수학 강국에 속하지만 뉴턴 이후 정체기간이 있었어.

미적분이 발표된 후 유럽대륙에서는 라이프니츠의 기호를 사용함으로써 보다 많은 사람들이 미적분을 이해하고 미분방정식이나 변분법으로 발전시키는 등 학문적인 발전이 활발히 이뤄졌어. 또 영국학자들이 발표한 내용이라도 거부감 없이 자연스럽게 받아들이고 이해해서 자신의 것으로 만들었어.

　반면에 영국은 뉴턴 이후 100년간 발전이 거의 없었어. 여러 가지 이유가 있었는데 우선 영국의 모든 학자들이 뉴턴의 편을 드느라 라이프니츠 식의 미적분 기호를 받아들이지 않는 바람에 유럽대륙 학자들이 발견한 새로운 이론들을 아예 쳐다보지도 않았어. 그냥 눈과 귀를 닫아버린 거야.

　또 뉴턴의 미적분 설명방식에는 근본적인 약점이 있었어. 뉴턴은 미적분을 소개할 때 이것이 새로운 개념이기 때문에 사람들이 쉽게 받아들이지 않을 거라 생각했던 거야. 미적분의 개념을 설명하려면 그림을 통해 설명해야 하는데 당시에는 두 가지 옵션이 있었지. 그 당시 뜨던 방식인 데카르트의 좌표평면이냐 아니면 오래된 그리스 기하학이냐였어.

　오랜 고심 끝에 뉴턴은 그리스 기하학을 선택했는데 이것이 실수였어. 새로운 개념인 미적분을 설명하니까 친숙한 그리스 기하학을 사용하면 사람들이 어느 정도 쉽게 받아들이지 않을까 생각한 것인데 그리스 기하학은 모든 걸 증명해야 하고 이론을 길게 전개해야 해서 미적분을 설명하려고 그린 도표까지 다 일일히 증명해야 하는 식이 되어버렸지. 배보다 배꼽이 더 커졌어. 그렇잖아도 어려운 새 개념을 설명하는 데 설명한 걸 증명까지 하고, 정신이 없지. 뉴턴 같은 사람이나 이해할 수 있는 내용이 되어버린 거야. 그래서 미적분 자체를 이해한 영국 수학자의 수가 점점 줄어들었어.

　또 하나 문제는 수학 기호의 효율성 문제였어. 영국 수학자 드모르간이 나중에 "영국이 뉴턴의 기호를 버린 후에야 비로소 다시 현대 수학을 받아들일 수 있었다"라고 주장할 정도로 뉴턴의 미분 기호는 어려웠고 미적분의 새로운 발전내용을 표시하기도 난해했어. 예를 들어 합성함수를 미분할 때 연쇄법칙을 설명하려 해도 뉴턴식 기호로는 설명하기가 어려워. 별것 아닌 것 같지만 새로운 개념을 접하는 사람에게 편하고 단순한 기호는 아주 중요해.

미적분 논쟁 이후 영국인들의 쪼잔함 때문에 가장 큰 피해를 입은 사람은 물론 영국인들 자신이겠지만, 수학자 드무아브르(Abraham De Moivre)도 빼놓을 수 없어. 이 사람은 드무아브르 정리로도 유명하고 통계학에도 큰 기여를 했어. 또 우리가 경우의 수 배울 때 쓰는 팩토리얼(Factorial, n!)을 직접 다 계산하지 않고 근사치로 계산하는 방법($n! \approx cn^{n+\frac{1}{2}}e^{-n}$)[33]도 개발했지. 이 모든 연구성과를 영국에서 살며 이루었지만 프랑스 출신이라는 이유로 영국학자들이 대학에 자리를 주지 않았어.

드무아브르는 적극적으로 뉴턴과 친해지고 핼리(Edmond Halley) 등 영국 수학자들과도 교류를 했지만 런던에서 교수직을 얻지 못해서 결국 수학 과외 등으로 먹고살았어. 하지만 뉴턴의 저서인 『프린키피아』뿐 아니라 뉴턴의 미적분 이론에 조예가 깊어서 뉴턴조차도 자신의 책에 대해 누가 어려운 질문을 하면 그건 드무아브르에게 물어보라고 할 정도였어.

어때? 엄청 고상하고 수준 높은 줄 알았던 미적분도, 그걸 만든 사람들도 별거 없지? 다 우리와 같은, 아니 어쩌면 더 쪼잔한 구석이 있는 사람들이 만든 거야.

걷다보니 어느새 대학교 도서관 앞에 왔구나. 요새는 24시간 개방하는 도서관도 있다더라. 면학 분위기 조성을 위해서라나 뭐라나. 그런데 매일

---

[33] 여기서 상수 c는 스털링(James Stirling)이 발표한 $\sqrt{2\pi n}$ 이 됩니다.

밤새고 공부하는 것은 좋지 않아. 하버드 도서관도 시험기간 일부를 제외하곤 밤 12시를 넘으면 도서관 건물 내에 사람이 몇 명 없다더라. 진짜야. 내기해도 좋아. 공부 잘하는 학생들은 대부분 계획을 잘 짜서 장기적으로, 꾸준히, 효율적으로 공부를 하지, 남들 잘 때 잠을 안 자거나 하지는 않아.

잠을 자는 동안 그날 공부했던 내용이 정리가 되고, 다음 날 또 새로운 것을 배울 힘이 생겨. 아무리 봐도 이해 안 가던 문제가 다음 날 아침에 보면 거짓말처럼 쉽게 풀리는 경우가 있잖아. 매일 잠을 줄이면서 공부하는 건 수학을 이해가 안 가니 외우겠다는 것과 똑같이 미련한 짓이야.

새로운 지식을 흡수할 수 있도록 잠도 충분히 자둬야 한다는 말씀! 오늘은 이것으로 수업 끝!

Day 24

극한의
이해

불량 아빠 : 드디어 그동안 말도 많고 탈도 많던 그 "아주 작은" 수에 대해서 알아볼 시간이 왔다. 고등학교 수학의 꽃이 미적분이라면, 미적분의 꽃은 바로 극한이야.

고등학교에 들어가서 극한을 배우면 단지 새로운 규칙에 따른 계산방법만을 배운다는 느낌이 들 거야. 예를 들면 이런 문제를 보게 되는데,

$$\lim_{x \to -1} \frac{x^3 - x^2 - x + 2}{x + 1}$$ 의 값은?

우리가 오늘 배우는 것은 극한 문제를 다루는 법칙 자체가 어디서부터 나왔는지를 보는 거야. 내가 누누이 강조했듯이 지금은 그 의미를 한번

생각해보고 나중에 고등학교에서 문제풀이를 해보자 이거지.

방금 소개한 문제는 x가 -1에 무한히 가깝지만 -1은 아닌 경우 $\dfrac{x^3-x^2-x+2}{x+1}$의 값이 무엇인지를 묻고 있어. 오늘 설명하는 내용을 다 듣고 나서 이 문제를 다시 한 번 살펴보렴.

그동안 수학을 배우는 마음의 자세가 "정확하게, 신속하게"에 가까웠다면 오늘부터 며칠간은 "신중하게, 천천히" 생각하는 마음의 자세로 보자. 극한(極限)의 개념이 조금 철학적이거든. 여기서 철학적이라는 것은 보기에 따라서는 말장난으로 보일 수도 있다는 거야. 앞으로 하는 말은 듣고 나면 "다 아는 얘기잖아"라는 생각이 들지만 그렇다고 따지고 들어가보면 뭐라 반박할 수도 없는 그런 것들이야.

몇 가지 용어정리를 하자. 우선 "아주 작은 수" 또는 불가분량은 이제부터 무한소(infinitesimal)라고 부를 거야. 그리고 무한소나 무한대(∞)가 결국은 같은 개념이라는 점을 머릿속에 넣어둬. 어떤 수든지 무한대(∞)로 나누면(예를 들어 $\dfrac{1}{\infty}$) 무한소가 되는 것이고 무한히 큰 수가 있다는 것은 무한히 작은 수도 있다는 것을 의미하거든. 무한히 크다는 것은 무한히 작다는 것과 결국은 같은 개념이야.

또 우리가 말하는 '극한(limit)'은 코시(Augustin-Louis Cauchy)가 만든 것으로 이 "아주 작은 수(무한소)" 자체를 의미하는 것이 아니라 그 존재를 입증하는 과정 또는 방법이야. 하지만 극한 과정을 거쳐 나온 결과도 극한이라고 부르기 때문에 조심해서 단어의 의미를 받아들여야 해.

무한소와 극한

불량 아빠 : 얼마 전에 동현이가 물어봤던 0.999…＝1일까, 아닐까를 생각해보자. 이 문제가 결국 뉴턴의 미분에서 살펴본, 곡선과 작대기가 만나는 접선과 같은 것이야. 순간속도를 정하는 그 부분이 바로 0.999…＝1을 만드는 부분이니까. 보통 우리는 0.999…와 1이 다르고 0.999…가 더 작은 수일 것이라고 막연히 생각해.

하지만 따지고 보면 '현실'은 그렇지 않을 수도 있어. 우린 이미 그동안 수학을 배우면서도 인간의 감각기관으로는 인식하지 못하는 것을 그냥 현실에 존재한다고 가정하고 우리의 틀에 맞춰 사용했던 덕분에 더 많은 정보와 지식을 쌓을 수 있었어.

그중 첫 번째 예가 영(0)과 음수로, 지금 그걸 어렵게 생각하지는 않잖아. 두 번째는 이미 배운 허수, 그리고 마지막이 바로 오늘 배울 극한이야. 우리는 이미 어려운 두 개 관문을 간단히 통과했으니 하나만 더 하면 돼.

이 '현실'에서는 우리 감각기관으로 인식하지 못하더라도 많은 일이 벌어지고 있어. 원래 인간의 눈으로 볼 수 있는 것은 세상의 5% 정도뿐이라고 해. 우리 눈으로 볼 수 없는 산소를 호흡하고 밤에 보이지 않은 태양이 내일 다시 떠오르듯이. 숫자도 마찬가지야. 음수, 0 같은 수들도 존재하는지 아닌지 우리 몸으로 느끼지는 못하지만 우리가 몇 가지 규칙을 세워서 눈에 보이는 것처럼 잘 쓰고 있잖아. 0.999…와 1 사이에도 분명 무언가가 존재하는데 우리 인간의 능력으로는 느낄 수가 없어. 다만 존재한다는 것만 알고 있을 뿐. 그러니 몇 가지 규칙을 만들어서 (음수나 허수를 사용했던 방식과 마찬가지로) 적절히 사용해보자는 생각이 나온 거야. 극한도 이런 과정에서 나오게 되었어.

우선 0.999…라는 수는 다른 모든 수와 마찬가지로 다음과 같이 표현할 수 있어. 며칠 후에 배울 무한급수라는 것인데 $9 \times \frac{1}{10} + 9 \times \frac{1}{100} + 9 \times \frac{1}{1000} + 9 \times \frac{1}{10000}$…과 같은 형태로 무한히 더해지는 거야. 이걸 1에서 뺐을 때 0이 나오면 0.999…와 1은 같은 것이고 아니면 다른 것이라고 결론을 내릴 수 있지.

보통 2개의 수를 비교할 때 수학자들이 쓰는 방법은 오차허용률(error tolerance)이라는 개념을 도입하는 거야. 언제나 그렇듯이 말은 거창해 보이지만 내용은 간단해.

오차허용률이라는 것이 결국 그 뜻은 $9 \times \frac{1}{10} + 9 \times \frac{1}{100} + 9 \times \frac{1}{1000} + 9 \times \frac{1}{10000}$…이라는 숫자를 얼마만큼 정교하게 만들 것인지 바로 우리 자신이 결정한다라는 거야. 오차허용률을 작게 할수록 정교한 0.999…가 되는 것이고.

$0.999… = 9 \times \frac{1}{10} + 9 \times \frac{1}{100} + 9 \times \frac{1}{1000}$ 이라고 끝내버리면 0.999… $=0.999$라고 우리가 정하고 그렇게 사용하는 것이지. 또 $0.999… = 9 \times \frac{1}{10} + 9 \times \frac{1}{100} + 9 \times \frac{1}{1000} + 9 \times \frac{1}{10000} + 9 \times \frac{1}{100000} + 9 \times \frac{1}{1000000} + 9 \times \frac{1}{10000000} + 9 \times \frac{1}{100000000}$ 까지 계산한다면 우리는 $0.999… = 0.99999999$라고 정의할 수 있어.

결국 우리가 어디까지 계산해내느냐에 따라 0.999…가 정해지니, 모든 것은 우리 자신에게 달려 있는 거야.

무슨 말이냐 하면, 우리가 이 정도면 1과 같다고 인정하는 수준의 0.999…를 정해놓고 그 범위 내로 들어오면 "오차허용률 미만이니 1로 인정하노라" 하고 살짝 정신승리해버리는 거야.

정신승리라고 말했지만 이것이 현실이야. 예를 들어 아무리 정확한 저울이라고 해도 일정 수준까지 내려가면 (예를 들어 피코그램이라 불리는 0.000000000001그램이라고 생각해봐[34]) 정확하게 잴 수 있는 도구가 없어. 기술적인 한계가 있거든. 그래서 저울도 국제기구나 나라에서 정하는 오차허용률이 있어서 그 수준을 통과한 저울을 우리가 쓰고 있어.

예를 하나 더 들자면 우식이와 동현이의 키가 둘 다 173센티미터로 같다면서? 근데 과연 정말로 같을까? 더 정밀하게 재보면 다를 수 있지만 우린 통상적으로 같다고 보고 있잖아. 우리도 모르는 사이에 상식적인 오차허용률을 정해놓은 거지. 우식이의 키가 173.0005센티미터이고 동현이의 키가 173.0센티미터라고 해도 그냥 같다고 보는 거야. 재볼 수 있는 도구도 없고 그렇게까지 할 이유도 없으니까.

다시 우리 문제로 돌아와서, 수학자들은 결국 "0.999…와 1 사이에는 어떤 수(우리가 인식하지 못하는 초월수 등)가 존재하고 있긴 하는 것 같다. 그러므로 0.999…와 1의 차이는 0이 아니지만 인간이나 인간이 만든 기계들의 한계로 인하여 그 존재를 증명하지 못하니까 그냥 같다고 취급하자"라고 결론을 내렸어. 다시 말하면,

"1−0.999…에 대해 아무리 작은 오차허용범위(오차허용률)를 정해놓아도 그 오차허용범위 내에 들어가는 숫자(0.999…)가 존재한다면 1과 0.999…는 같다."

---

34   (참고) 센티: 0.01미터, 밀리: 0.001미터, 마이크로: 0.000001미터, 나노: 0.00000000 1미터 , 피코: 0.000000000001미터

1－0.999…에 대한 오차허용률은 우리 마음대로 정할 수 있어. 하지만 아무리 작게 정해도 그 안에 들어오는 숫자가 존재해. 예를 들어 오차허용범위를 0.001이라고[35] 정했는데 $0.9999(=9\times\frac{1}{10}+9\times\frac{1}{100}+9\times\frac{1}{1000}+9\times\frac{1}{10000})$라는 숫자를 들이밀면 0.9999는 오차허용률 내의 수준에 들어와 있어. 이런 경우 0.999…는 1과 다르다고 할 수 없고 결국 같다고 할 수 있지. 이렇게 아무리 작은 오차범위를 정해도 그 안에 들어오는 수가 존재한다면 우린 1－0.999…＝0이라고 인정해야 해.

현실적으로 좀 더 정교하게 오차허용률을 0.0000001이라고 해도 0.99999999가 존재하는 것만 보여주면 돼. 그림으로 보면 아래의 오차허용범위 내에 들어가는 숫자가 존재한다는 것만 보여주면 된다 이 말이지.

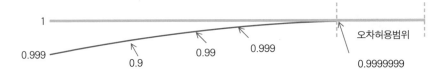

정리하자면, 우리가 아무리 작은 기준을 만들어내도 그 안에 들어가는 숫자가 존재한다는 것은 0.999…가 무한히 1에 가까워지고 있다는 것을 나타내는 거야. 현재 1과 0.999… 사이에 어떤 수가 존재하지만 우리 인간으로선 그 수를 콕 집어내고 증명할 방법이 없으니 오차허용범위 내에서는 1－0.999…＝0, 즉 1＝0.999…이라고 인정할 수밖에 없다는 것이 극한의 원리야. 이것이 바로 앞에서 뉴턴과 라이프니츠가 말하고자 했던 "아주 작은 수"이고, 며칠 후에 코시가 극한을 증명한 방식을 수학적으로

---

35 오차허용률이 0.001이라는 것은 1-0.001(=0.999)보다 크고 1보다 작다는 의미입니다.

다시 보겠지만 원리는 우리가 지금 배운 이것과 똑같아.

우식이 : 이거 너무하는 거 아니야. 자기 자신이 정한 기준만 통과하면 된다니, 너무 주관적이잖아. 수학은 엄밀하고 객관적인 절대 진리를 찾는다더니. 그냥 내 마음대로 정하는 거네, 배신당한 느낌이야.

동현이 : 저도요. 허무해요.

불량 아빠 : 나도 처음엔 같은 생각이었다. 그런데 이런 증명이 마음에 들지는 않지만 그렇다고 여기에 대해서 논리적으로 반박하기도 힘들어. 아직까지 그 어떤 사람도 이것보다 나은 논리적인 접근방법을 찾지 못했어.[36] 열 받으면 나한테 뭐라 하지 말고 너희들이 한번 도전해서 더 나은 방법을 발견해보려무나.

1950년대 들어서 로빈슨(Abraham Robinson)이 초현실수라는 아주 작은 수가 존재한다는 것을 증명해서 이 아주 작은 수가 다른 차원에 존재하는 수라는 이론이 나왔다는데, 고등학교에서는 거기까지 배울 필요는 없어. 지금까지 살펴봤듯이 우리가 모르는 수들이 존재하고 있다는 것만 인정하고 오차범위를 통해 사용만 해주면 되는 거야.

이러한 증명방식은 코시가 제일 처음 생각해냈고 바이어슈트라스, 데데킨트 등이 보완했는데 내일모레 코시에 대해 공부하면서 직접 보게 될 거야. 그때는 함수와 부등식을 통해 수식으로 설명하기 때문에 방금 본

---

36 Ian Stewart, *Concepts of Modern Mathematics*, 331쪽.

것과 다른 것 같아 보이지만 결국은 같은 내용이야.

우식이 : 에이, 뭐 이래.

불량 아빠 : 좀 허무하지만 너희들이 지금 고등 수학의 세계에 발을 들이고 있다는 걸 곧 이해하게 될 거다.

고등학교 수학을 배우면서 서서히 느껴야 할 것은 이전까지 공부했던 수학은 항상 정확하게 맞아떨어지는 것들이었지만 이제부터는 정확한 답이 안 나오는 경우에 어떻게 가장 효율적이고 효과적인 답을 찾느냐를 배운다는 점이야.

실제로 세상에는 답이 딱 맞게 나오는 문제는 많지 않아. 정확히 말하자면 인간의 능력이 정확한 답을 인식할 만큼 발전하지 못했어. 이것 때문에 수학 II를 공부할 때 우식이의 투덜거림을 무릅쓰고 수의 체계를 깊이 다뤘던 거야. 초월수 등 우리가 모르는 수들이 아는 수보다 훨씬 많이 존재해서 이 세상을 지배하고 있고, 그런 초월수를 조금이나마 다룰 줄 알게 되면서 수학자들은 정확한 값을 구하는 것보다 오차범위를 정하고 근사치를 이용해서 보다 많은 것을 알게 되었어.

다시 한 번 강조하지만 인간이 이해할 수 있는 수는 세상을 구성하는 많은 수 중 극히 일부분이야. 세상에는 우리가 대략 존재한다는 사실만 어렴풋이 알고 있는, 그 실체를 모르는 수가 더 많이 존재해. 우리가 모르는 다른 차원에 존재하는 수들이라고 할 수도 있겠지. 극한을 계산하는 것은 우리가 모르는 숫자들로 이뤄진 다른 차원(또는 세계)을 살짝이나마 들여다보는 것과 비슷해.

〈원형 극한 3〉(에셔, 1959)
무한의 세계를 담고자 한 네덜란드 판화가 에셔(1898~1972)의 작품. 원 안에 물고기들의 행렬이 끝없이
이어진다. 중심에 있는 물고기 네 마리가 가장 크고, 가장자리로 갈수록 물고기는 그 크기가 점점 작아지고
그 수는 늘어난다. 이 작품 속 물고기의 수를 합하면 모두 얼마일까? 인간이 닿을 수 있는 수일까?

도대체 뭔 소리냐고? $1-0.999\cdots$가 우리가 속한 차원에서는 0이지만 이것이 0이 아닌 다른 차원이 존재한다는 거야. 따라서 극한에서 어떤 특정한 수에 접근한다는 것은(예를 들어 $x \to 0$, $a \to 3$, $x \to \infty$) 우리가 속한 차원에서는 목적한 수$(0, 3, \infty)$에 계속 접근해서 결국 우리 눈에는 같아 보일지라도 다른 차원에서는 실제로 $0, 3, \infty$와 다를 수 있다는 것이지.

사실 이런 식으로 오차범위를 정해놓고 현실적인 문제를 해결하는 방식은 저울을 통해 무게를 재는 것 외에도 MP3 파일, 컴퓨터 프린트, 비디오 파일 등 비일비재해. 예를 들어 MP3 파일에서 나오는 음악은 대부분의 소리를 제거해서 우리가 들을 수 있는 소리만 파일로 저장한 거야. 인간이 들을 수 있는 소리의 영역이 오차범위가 되어서 그 안에만 들어오면 되도록 한 거지. 세상에는 사실 정확하게 맞아떨어지는 것보다 비슷하게 범위 내에서 움직이는 것들이 더 많다니까. 일단 이 아빠를 믿으렴. 게다가 이런 방식을 사용하지 않았다면 수많은 문명의 이기들을 사용하지도 못했어.

제논의 역설과 극한

불량 아빠 : 이제 다른 시각으로 극한을 보자. 역설 중에 '제논(Zeno 또는 Zenon)의 역설'이 있단다. 이 역설은 무한이란 무엇이고 극한이 왜 필요한지를 생각해보게 해줘.

제논은 피타고라스와 같은 시대를 살았던 고대 그리스의 철학자였어. 피타고라스가 시간과 공간이 무수히 많은 순간과 점으로 이뤄져 있다고 한 주장을 공격한 인물로 유명하지. 피타고라스 학파는 세상이 무한히 많은 더 이상 나눠질 수 없이 작은 한 순간, 그리고 한 점으로 이뤄진 것이라고 주장했고 이것이 정수와 분수만으로 표현될 수 있다고 주장했어.

반면, 제논은 시간이나 공간 자체가 수학으로 나눌 수 없는 것이라 보고 있었는데 피타고라스 학파의 논리에 반박하기 위해서 이렇게 질문했지.

"사람이 쏜 화살이 A지점에서 B지점으로 간다고 하고 그 거리가 1이라고 하자. 화살의 진행방향이 직선이라고 하고 화살의 진행과정이 수많은 작은 점으로 이뤄져 있다면 그 화살은 목표지점인 B에 도달할 수가 없다. 왜냐면 A에서 B까지 가기 위해 우선 그 절반인 1/2을 지나가야 하고 그다음엔 그 절반인 1/4, 그다음엔 남은 거리의 절반인 1/8, 그다음엔 1/16, 1/32…을 지나가야만 전진할 수 있는데 이 과정을 무한 반복해도 1에 도달하지는 못한다. 영원히 무수히 많이 남은 거리의 절반만 갈 테니. 이를 어찌 설명할 수 있나?"

제논의 역설에 따르면, 위의 그림처럼 화살이 계속 전진은 하지만 목적지인 B에는 도착하지 못해. 화살의 운동을 수식으로 쓰면 1/2＋1/4＋

$1/8+1/16+1/32+1/64+\cdots$가 되겠지.

제논의 질문에 대해 피타고라스 학파 사람들은 답을 하지 못했어. 공간이 수많은 작은 점으로 이뤄졌다면 제논의 말이 사실이 되어버리거든. 사실 이 문제가 나온 이후 그리스 수학자들은 무한 자체를 없는 것으로 취급하기 시작했어. 도저히 이해가 안 가니 피해버린 거지. 뭐 몇몇 사람들이 시간과 공간이 무한한 점으로 이뤄진 것이 아니라 연속이다, 무한한 점과 무한한 빈공간이 섞여 있다 등의 다양한 설명을 내놓았지만 대부분 제대로 증명을 못 했어.

하지만 너희들은 뭔가 감이 잡히는 게 있을 텐데 우리가 조금 전에 하던 얘기와 연관이 있지 않니? $1=0.999\cdots$와 같은 이야기잖아.

우린 화살을 B지점을 향해 쏘면(제대로 쐈다고 가정하고) 그것이 목표지점 B까지 도달하는 것을 경험적으로 알고 있어. 아주 당연한 것이지만 이것을 수학적으로, 또는 논리적으로 설명하는 것은 쉽지 않은데, 그 논리적인 연결고리를 극한의 개념이 해결해준 거야.

제논의 화살이 현실적으로 왜 날아가는지를 수학적으로 설명하려면, 조금 전에 한 것처럼 오차범위를 정하고 그 안에 화살이 들어오면 화살은 1이라는 거리를 갔다고 해버리면 되는 거야. 간단하지?

인간이 활과 화살을 쓰기 시작한 것은 수만 년 전이고 제논이 이 문제를 제기한 것도 기원전 4세기인데 1800년대 이르러서야 코시의 극한을 통해 인류가 비로소 움직이는 사물의 자연현상을 수학적으로, 또는 논리적으로 이해하고 설명할 수 있게 되었단다.

우식이 : 생각보다 오래 걸렸네.

(그날 저녁, 외식하러 이동하는 차 안)

불량 아빠 : 퇴근길이라 도로가 꽉 막혀 차들이 움직이지를 않네. 음식점이 코앞에 있는데……. 이런 상황에 어울리는 농담이 있단다. "바로 눈앞에 목적지가 보이지만 절대 거기에 도달하지 못한다(you can see it's right there, but you can never get there)." 이것이 바로 제논의 역설과 극한을 설명하는 말 아니겠어? 그래도 우린 고등학교 수학을 배운 사람들이니 오차범위를 만들어 다 온 거라 생각하고 마음 편히 안전 운전만 하면 되는 거야.

Day 25

무한급수

동현이 : 무한급수는 수열과 비슷한데 그때 같이 안 배우고 왜 미적분과 같이 배우는지 이해가 안 가요.

불량 아빠 : 좋은 질문이야. 무한급수는 오히려 극한과 관련이 더 깊어. 그래서 어제 배운 극한을 계속하지 않고 잠시 무한급수를 배울 거야. 이미 수열을 배우면서 무한등비수열을 봤으니 어느 정도 알고 있는 내용인데, 원래 뉴턴 등 수학자들은 무한급수를 연구하다가 미적분을 개발했어. 우리가 배웠던 로그나 삼각함수 같은 초월수 또는 무리수들이 대수학적으로 계산이 어렵지만 이런 것들을 무한급수의 형태로 표현하면 대수적

으로 계산을 할 수 있게 돼. 한마디로 우리 인간이 어렵게 생각하는 초월수를 무한급수 형태로 바꿔보니 다루기 쉬워진다 이 얘기야. 또 초월함수의 미적분은 무한급수로 바꾸면 아주 간단해지고.

오늘 배우는 내용은 중학교 수학만을 마친 상태에선 어려운 것들이 많으니 사촌형이 주로 얘기할 거야.

모태솔로 사촌형 : 무한급수는 수열의 수들을 무한히 더한 합이라는 것인데 그렇게 할 경우 특정한 수에 수렴을 하는 경우도 있고 아닌 경우도 있겠지?

무한급수가 수렴하게 되는 수가 그 무한급수의 극한이야. 어떤 의미에서 무한급수와 함수는 거의 같은 것이라고 볼 수도 있어. 무한급수를 통해 거의 모든 함수를 정의할 수 있거든. 특히 조금 있다가 볼 멱급수를 보면 이해가 쉬울 거야.

불량 아빠 : 고대 그리스 아리스토텔레스 시절부터 무한히 수를 더하면 유한한 값이 나온다는 무한급수의 존재는 인식되어왔지만 무한급수의 개념을 본격적으로 수학에 포함한 사람은 비에트로 봐야 해.

동현이 : 수학 I에서 대수학의 아버지로 살펴봤던 비에트 아저씨 말이에요?

불량 아빠 : 그래. 비에트가 1593년 처음 소개한 것은 무한히 곱하는 무한곱으로 $\frac{2}{\pi} = \frac{\sqrt{2}}{2} \cdot \frac{\sqrt{2+\sqrt{2}}}{2} \cdot \frac{\sqrt{2+\sqrt{2+\sqrt{2}}}}{2} \cdots$였어. 무한급수는 원래

무한히 더하는 것이니 굳이 따지자면 이건 무한급수는 아니었지. 그런데 이 식을 소개하면서 비에트는 더 중요한 것을 발견했지.

바로 계속 더한다는 뜻의 쩜쩜쩜 기호(…)를 처음 소개했는데 이 기호가 나온 후 수학자들이 심리적인 안정을 찾고 수학에 매진할 수 있었다고 해. 생각해보면 수학자 입장에서 계속 더해야(곱해야) 하는 식을 기록할 때 어디까지 적어야 할지 난감했을 거 아냐? 수학자 중에는 소심한 사람이 많았는데 이 기호가 나온 후부터는 짧게 쓰고 과감하게 끊어버릴 수 있게 된 거지. 당시 비싸던 종이도 절약하고.

며칠 뒤에 만나게 될 월리스(John Wallis)라는 영국 옥스포드 대학 교수도 무한급수에 대한 연구를 많이 남겼어. 월리스가 활동한 17세기 유럽에서는 무한급수를 통해서 π같이 계산해서 떨어지지 않는 어려운 수들의 근사값을 찾는 것이 유행이었는데 이 과정에서 다양한 무한곱, 무한급수들이 발견되었지. $\frac{\pi}{2} = \frac{2}{1} \cdot \frac{2}{3} \cdot \frac{4}{3} \cdot \frac{4}{5} \cdot \frac{6}{5} \cdots$이라든가 $\frac{\pi}{4} = 1 - \frac{1}{3} + \frac{1}{5} - \frac{1}{7} + \cdots$ 등.

수학자들이 무한과정(infinite process)을 잘 이용하면 π, e 등 어려웠던 신비한 수들에 대한 근사치를 구할 수 있다는 걸 안 거야. 월리스에 이어서 18세기에는 오일러가 무한급수 관련해 많은 업적을 남겼는데 우리가 다항식/방정식의 응용 편에서 봤듯이 오일러는 무한급수를 다항식처럼 다뤄서 많은 수학적 발견을 한 것으로 유명해. 그리고 시그마 기호(Σ)도 오일러의 작품이지.

무한급수를 이용한 0.999⋯=1 증명

모태솔로 사촌형 : 원래 무한급수는 미적분뿐만 아니라 수의 체계 특히 초월수와 관련이 많아.

수의 체계를 설명할 때 다뤘지만 초월수라는 것은 대수적으로 표현할 수 없는 수이기 때문에 초월수라고 부르는데 수학자들은 이런 수들을 표현하기 위해 무한급수를 이용해서 근사치를 구했어. 또 나중에는 적분에도 무한급수를 사용해 근사치를 구했지.

불량 아빠 : 수학자들의 무한급수에 대한 관심은 오래되었지만 18세기까지도 시행착오가 많았어. 무한급수가 그리 녹록지 않거든. 이걸 봐봐.

뉴턴이 좋아하던 기하급수를 보면, $1+a^1+a^2+a^3+a^4+\cdots$ 이런 형식인데 $|a|<1$이라는 조건에서 수렴하는 값은 $\dfrac{1}{1-a}$이야.[37] 그런데 이걸 조금만 비틀어보면 이상한 상황이 발생해.

만약에 $a=1$이면, $1+1+1+1+1+1+1+\cdots=\dfrac{1}{1-1}=\dfrac{1}{0}$ 이니 말이 안 되고. $a=-1$이면 $1-1+1-1+1-1+1-\cdots=\dfrac{1}{1-(-1)}=\dfrac{1}{2}$ 이 되는데 이것도 문제가 많아. $S=1-1+1-1+1-1+1-\cdots=\dfrac{1}{1-(-1)}=\dfrac{1}{2}$ 으로 간단할 것 같지만, 사실 갖다 붙이기 나름의 답이 나올 수 있어.

---

37   증명: $S=1+a^1+a^2+a^3+a^4+\cdots$일 때, 여기에 a를 양변에 곱해주면 $aS=a^1+a^2+a^3+a^4+a^5+\cdots$이 된다. 이제 $S-aS=(1+a^1+a^2+a^3+a^4+\cdots)-(a^1+a^2+a^3+a^4+a^5+\cdots)=1$. $S(1-a)=1$이니 $S=\dfrac{1}{1-a}$.

$$S = (1-1) + (1-1) + (1-1) + \cdots$$
$$= 0 + 0 + 0 + \cdots$$
$$= 0 \text{도 되고,}$$
$$S = 1 - (1-1) - (1-1) - (1-1) - \cdots$$
$$= 1 - (0 + 0 + 0 + 0 + \cdots)$$
$$= 1, \text{또 조금 변형해서,}$$
$$1 - S = 1 - (1 - 1 + 1 - 1 + 1 - 1 + \cdots)$$
$$= 1 - 1 + 1 - 1 + 1 - 1 + \cdots$$
$$= S, \text{결국 } S = \frac{1}{2}.$$

동현이 : 코에 걸면 코걸이, 귀에 걸면 귀걸이네요.

불량 아빠 : 그러게 말이야. 이에 대해 어떤 사람들은 1과 0의 사이에 있는 $\frac{1}{2}$이 정답이라고 했고, 어떤 사람들은 S가 0도 되고 1도 되는 것을 보고 무에서 유를 창조했으니 이것이 바로 신이 존재한다는 증거 아니겠냐고도 했어.

이런 걸 보고 수학자들은 무한급수가 쓰임새가 많지만 무한을 다루는 것인 만큼 모순적인 성질을 가지고 있어서 사용할 땐 아주 조심해야 한다는 걸 깨달았어.

수학자들은 무한급수가 그 자체로 의미를 갖는 것이 아니라 우리가 신중히 의미를 부여할 때에만 효과가 있다는 것도 깨달았지. 특히 기호를 통해 대수적으로 조작할 때에는 괜찮지만 직접 숫자를 대입하면 결과가 전혀 다르게 나와서 망신당할 수 있다는 것도 알았지. 한마디로 무한급수는 위험하지만 신비한 매력을 지닌 요물이었어.

그건 그렇고 어제 0.999…=1인지 여부를 허용오차를 이용해서 결론을 내렸잖아? 이걸 기하급수를 통해서 아주 간단하게 증명하는 방법도 있었는데 오늘 무한급수를 배우며 설명하려고 남겨뒀어.

자, 이제 때가 되었으니 보자. $0.999\cdots=0.9+0.09+0.009+0.0009+\cdots$를 우리는 $9\times\dfrac{1}{10}+9\times\dfrac{1}{100}+9\times\dfrac{1}{1000}+9\times\dfrac{1}{10000}+\cdots$과 같이 표현했었지? 이걸 살짝 고치면 다음과 같이 쓸 수도 있어.

$$=\frac{9}{10}\left[1+\frac{1}{10}+\frac{1}{100}+\frac{1}{1000}+\frac{1}{10000}+\cdots\right]. \text{ 이제 이걸 바꿔보면,}$$

$$=\frac{9}{10}\left[1+\frac{1}{10}+\left(\frac{1}{10}\right)^2+\left(\frac{1}{10}\right)^3+\left(\frac{1}{10}\right)^4+\cdots\right].$$

괄호 안의 내용들은 어디서 많이 보던 거 아니니? 기하급수잖아. 괄호 안에 있는 걸 계산하면,

$$1+\frac{1}{10}+\left(\frac{1}{10}\right)^2+\left(\frac{1}{10}\right)^3+\left(\frac{1}{10}\right)^4+\cdots=\frac{1}{\left(1-\frac{1}{10}\right)}=\frac{1}{\left(\frac{9}{10}\right)}=\frac{10}{9}$$

이 나와.

이제 원래 식에 대입하면 $\dfrac{9}{10}\cdot\left[\dfrac{10}{9}\right]=1$. 결국 기하급수를 통해서 0.999…=1이란 사실이 간단하게 증명됐어!

사실 이것 말고도 0.999…=1을 증명하는 방법은 수도 없이 많아.

예를 들면,

$$\frac{1}{3}+\frac{1}{3}+\frac{1}{3}=0.333\cdots+0.333\cdots+0.333\cdots$$

$$1=0.999\cdots$$

증명 방법 2)

$$\frac{1}{9} = 0.11111\cdots$$

$$9 \times \frac{1}{9} = 0.99999\cdots$$

$$1 = 0.99999\cdots$$

증명 방법 3)

$$\frac{2}{7} = 0.285714285714285714\cdots$$

$$+ \quad \frac{5}{7} = 0.714285714285714285\cdots$$

$$\frac{7}{7} = 0.99999999999999999\cdots$$

등이 있는데 이외에도 더 많아.

무한급수를 대수적으로 잘 조작하면 이렇게 무한을 둘러싼 우리의 의문에 답이 나오는 경우가 얼마든지 있어. 하지만 중요한 것은 우리가 어떤 의미를 부여하는가인데, 결국 논리적으로 수긍이 가는 증명은 어제 봤던 오차허용률을 이용한 방법뿐이야.

조화수열과 음악성

모태솔로 사촌형 : 이참에 조화수열(Harmonic Series)도 잠깐 보자.[38] 조화수열은 역수로 이뤄진 수열이 등차수열인 경우를 말하고 조화급수는 $H(n)$

---

38   https://plus.maths.org/content/perfect-harmony를 참조.

$=1+\dfrac{1}{2}+\dfrac{1}{3}+\dfrac{1}{4}+\cdots+\dfrac{1}{n}$과 같은 형식으로 표현되는데 이미 알다시피 수렴하지 않아. 계속 커지는 수열이지.

조화수열이라는 이름은 고대 그리스인들이 음악의 조화로운 음색을 나타내는 비율이라는 뜻으로 이렇게 지었대. 아래 그림은 현악기의 현(絃, 예를 들어 기타줄)을 튕겼을 때의 힘에 의해 진동하는 모양을 나타낸 것인데 보다시피 분수의 형태로 연결된 조화수열을 이루고 있어. 참고로 음악과 수학은 서로 유사한 점이 많아서 칸토어처럼 수학자 가운데 음악에 조예가 깊은 사람들이 많아.

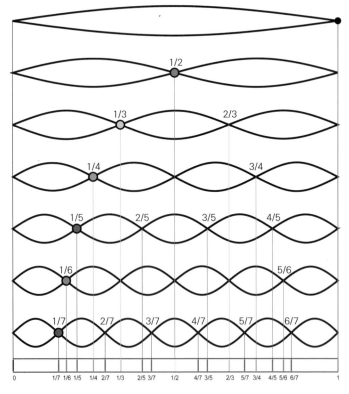

출처: http://en.wikipedia.org/wiki/Harmonic

그리스와 서양에서는 수학과 음악을 동전의 양면이라고 보기도 하지.[39] 둘 다 우주의 이치를 표현한다고 보는 거야. 그래서 말인데 너희들이 노래방에 가서 점수가 잘 나오는 편이거나 음정, 박자를 잘 따르는 편이라면 수학을 쉽게 포기하지 마. 어쩌면 숨겨진 수학재능이 있을지도 모르니!

조화급수는 여러 자연현상을 이해하는 데에도 유용하게 쓰여. 예를 들어 우식이가 매일 공부한 시간을 1년간 측정해봤다고 하자. 이때 최장 공부시간 기록이 몇 번 정도 깨질 것 같은지 알고 싶다면 어떻게 해야 할까?

식으로 만들어보자. 우선 우식이가 처음으로 공부를 한 날은 무조건 기록이 깨진 거야. 처음이니까. 둘째날은 확률상 전날보다 더 공부할 수도 있고 아닐 수도 있으니 $\frac{1}{2}$, 셋째날 더 오래 공부할 확률은 $\frac{1}{3}$, 그다음은 $\frac{1}{4}$, …로 쭉 이어질 거야. 이걸 식으로 나타내면 $1+\frac{1}{2}+\frac{1}{3}+\frac{1}{4}+\frac{1}{5}+\cdots+\frac{1}{365}$이고 이것의 급수를 구하면 되겠지.

답은 6.48이 나오니, 우식이가 새 기록을 세우는 횟수는 이론상 1년에 6번 정도라고 말할 수 있어. 고등학교 3년 동안 대략 1000일간이라고 치고 기록을 구해보면 7.49가 나와서 3년 동안 공부해도 7번 정도 새 기록을 세운다는 수학적 결과가 나오지. 조화급수에 따른 확률로만 치면 100년인 36500일이라고 해도 기록이 깨지는 횟수는 11번 정도로 그리 크지 않아.

이 결과가 나오기 전에 미리 가정한 것이 있는데 우리는 우식이가 다음 날 공부를 오래 할지, 적게 할지, 아니면 아예 안 하고 놀러 갈지 전혀 예측을 못한다는 점이야. 그래서 우식이가 새 기록을 세울 확률은 50%라고

---

39   Keith Devlin, *The Language of Mathematics*, 6쪽.

가정하고 조화급수를 적용한 거야. 그런데 사람은 의지를 가지고 있고 우식이에게 마음과 노력이 있다면 앞의 식은 들어맞지 않을 거야.

방금 조화수열을 적용할 때는 우식이의 행동이 날씨나 지진과 같이 무작위적인 자연현상이라고 가정한 거야. 우식이에 대한 정보가 아무것도 없는 상황이라면 이것이 가장 적합한 가정이긴 하지만…… 어떠니? 의지를 가진 인간의 행동은 자연의 법칙과 다르기 때문에 자연현상처럼 취급하기는 어렵잖아. 그래서 경제학 등의 사회과학에서 수학적인 접근과 해석이 잘 안 맞지. 수학적으로 주식을 분석해서 '몰빵'하다가는 한방에 가는 수가 있어.

여기서 참고사항 한 가지. 만약에 조화급수를 실제로 적용하고 싶은데 컴퓨터가 없다면 그 많은 (우리의 경우 365, 1000 등) 분수항들을 다 더해야 하는 경우가 생길 수 있어. 이것들을 다 더하려면 꽤나 고생해야 하겠지. 사람들이 이런 고생을 덜도록 간단하게 근사치를 구할 방법을 제공해준 것이 오일러야.

오일러는 $H(n) = \ln(n) + 0.58$이 된다는 사실을 발견해서 사람들이 편하게 조화급수를 활용할 수 있도록 해줬어. 예를 들어 $H(36500) = \ln(36500) + 0.58 = 11.085$가 되지. 식을 자세히 보면 n이 커질수록 조화급수와 n의 자연로그값의 차이가 0.58에 수렴한다는 내용인데, 이 0.58(사실은 0.5772156649…)이 무리수인지 초월수인지 아직 아무도 정체를 모르고 있어.[40] 그냥 오일러 상수 감마(γ)라고도 부르고 있는데 너희들이 열심히 공부해서 나중에 그 정체를 밝혀주렴.

---

40   초월수는 모두 무리수입니다. 그러므로 이것이 그냥 $\sqrt{2}$와 같은 무리수인지 아니면 초월수인지 모른다는 의미입니다.

뉴턴의 이항정리와 무한급수

모태솔로 사촌형 : 이제부터 정말 재미있는 것들이 나온다.

다항식/방정식의 응용을 배울 때 이미 이항정리에 대해 설명했지만 그건 지수가 양의 정수인 경우에만 해당됐던 거야. 지수가 분수나 음수가 되면 그 결과는 우리가 봤던 형식의 이항정리 결과가 아니라 무한급수의 형태를 갖게 돼. 이걸 발견하고 정리한 사람이 바로 뉴턴이지.

그 전에 잠깐 멱급수를 알고 넘어가야 해. 멱급수는 영어로 power series라고 하는데 이름은 거창하지만 우리가 보던 무한급수 형태의 양변을 바꾸기만 한 거야. 다음에 나오는 식은 기하급수를 좌우 바꿔서 거꾸로 써 놓은 것인데 형식을 보면 좌변의 함수 $\dfrac{1}{1-a}$ 을 우변의 무한급수로 설명한 것이잖아. 함수를 무한급수의 형태로 전개시킬 수 있다는 아이디어를 얻게 된 거지.

$$\frac{1}{1-a} = 1 + a^1 + a^2 + a^3 + a^4 + \cdots$$

뉴턴이 이것을 가장 먼저 발견하고 이항정리뿐 아니라 각종 함수들을 무한급수로 표현할 생각을 한 거야. 뉴턴 외에도 많은 수학자들이 여기에 관심을 가졌는데 멱급수와 관련해 가장 현실적인 기여를 한 사람은 오일러(Leonhard Euler)와 테일러(Brook Taylor)야.

뉴턴의 이항정리를 보자. 이것이 뉴턴이 당시 과학계에서 뜨기 시작한 계기가 되는 발견인데, 케임브리지 대학이 전염병으로 문을 닫았던 1665년 링컨셔(Lincolnshire)의 집에 있으면서 발견한 거야. 그때가 23세였지.

뉴턴은 우리가 이미 봤던 파스칼의 삼각형을 다음과 같이 하나하나 직접 다시 계산해봤어.[41] 그랬더니 음수가 되는 경우 식이 무한히 전개된다는 걸 알았지.

$n=-4$:	1	-4	10	-20	35	-56	84	$\cdots$
$n=-3$:	1	-3	6	-10	15	-21	28	$\cdots$
$n=-2$:	1	-2	3	-4	5	-6	7	$\cdots$
$n=-1$:	1	-1	1	-1	1	-1	1	$\cdots$
$n=0$:	1	0	0	0	0	0	0	
$n=1$:		1	1	0	0	0	0	0
$n=2$:		1	2	1	0	0	0	0
$n=3$:		1	3	3	1	0	0	0
$n=4$:		1	4	6	4	1	0	0

41   Eli Maor, *e: the Story of a Number*, 71쪽.

특히 $n=-1$인 경우 $(1+a)^{-1}$은 $\dfrac{1}{1-(-a)}$이 되어 기하급수 $1-a^1+a^2-a^3+a^4-\cdots$로 표현할 수 있다는 것을 알고 '오, 이게 뭔가 있구나'라는 생각을 했지. 무한급수와 이항정리가 관련이 있다는 걸 알아낸 거야. 그러고는 지수가 분수인 경우에 대해서도 연구를 했어. 분수인 경우에는 조금 더 복잡했지. 뉴턴은 아래의 $(P+PQ)^{\frac{m}{n}}$이라는 식을 생각해냈는데, 지수가 $\dfrac{1}{2}$, $\dfrac{3}{2}$, $\dfrac{5}{2}$ 등인 경우를 일일이 계산해보고 패턴을 발견했지. 천재 뉴턴이라도 다른 방법은 없었어, 하나하나 꼼꼼히 해보는 것 외에는.

하나하나 일일이 계산을 해본 뉴턴은 결국 패턴을 찾아냈고 깔끔하게 정리를 해냈어.[42] 당연히 우리도 직접 따라해봐야겠지?

$$(P+PQ)^{\frac{m}{n}}=P^{\frac{m}{n}}+\frac{m}{n}AQ+\frac{m-n}{2n}BQ+\frac{m-2n}{3n}CQ+\frac{m-3n}{4n}DQ+\cdots$$

위의 식에서 A, B, C, D는 앞의 항을 표시한 건데,

$$A=P^{\frac{m}{n}}$$
$$B=\frac{m}{n}AQ=\frac{m}{n}p^{\frac{m}{n}}Q$$
$$C=\frac{m-n}{2n}BQ=\frac{m-n}{2n}\left(\frac{m}{n}p^{\frac{m}{n}}Q\right)Q=\frac{\left(\frac{m}{n}\right)\left(\frac{m}{n}-1\right)}{2}P^{\frac{m}{n}}Q^2$$
$$D=\frac{m-2n}{3n}CQ=\left(\frac{m-2n}{3n}\right)\frac{\left(\frac{m}{n}\right)\left(\frac{m}{n}-1\right)}{2}P^{\frac{m}{n}}Q^2Q$$
$$=\frac{\left(\frac{m}{n}\right)\left(\frac{m}{n}-1\right)\left(\frac{m}{n}-2\right)}{3\cdot2}P^{\frac{m}{n}}Q^3$$

역시 대수학의 대가인 뉴턴답게 복잡한 식에서 패턴을 찾아냈는데, 보기보다 어렵지 않으니 잘 따라와봐.

---

42   William Dunham, *Journey Through Genius*, 167쪽.

$$(P+PQ)^{\frac{m}{n}} = P^{\frac{m}{n}}(1+Q)^{\frac{m}{n}}$$

$$= P^{\frac{m}{n}}\{1+\frac{m}{n}Q+\frac{\left(\frac{m}{n}\right)\left(\frac{m}{n}-1\right)}{2}Q^2+$$

$$\frac{\left(\frac{m}{n}\right)\left(\frac{m}{n}-1\right)\left(\frac{m}{n}-2\right)}{3\cdot 2}Q^3+\cdots\}$$

이제 $P^{\frac{m}{n}}$ 을 각 항에서 제거하면,

$$(1+Q)^{\frac{m}{n}} = 1+\frac{m}{n}Q+\frac{\left(\frac{m}{n}\right)\left(\frac{m}{n}-1\right)}{2}Q^2+\frac{\left(\frac{m}{n}\right)\left(\frac{m}{n}-1\right)\left(\frac{m}{n}-2\right)}{3\cdot 2}Q^3+\cdots$$

어디서 많이 보던 거지? $\frac{m}{n}=3$ 인 경우라면 원래 우리가 얼마 전에 봤던 이항정리와 똑같아.

$$(1+x)^3 = 1+3x+\frac{3\cdot 2}{2}x^2+\frac{3\cdot 2\cdot 1}{3\cdot 2}x^3+\frac{3\cdot 2\cdot 1\cdot 0}{4\cdot 3\cdot 2}x^4+\cdots$$

$$= 1+3x+\frac{6}{2}x^2+\frac{6}{6}x^3+\frac{0}{24}x^4$$

물론 분수인 경우에는 얘기가 달라지지. Q가 -1이고 $\frac{m}{n}$이 $\frac{1}{2}$인 경우를 한번 보자.

$$\sqrt{1-x} = 1+\frac{1}{2}(-x)+\frac{\left(\frac{1}{2}\right)\left(-\frac{1}{2}\right)}{2}(-x)^2+\frac{\left(\frac{1}{2}\right)\left(-\frac{1}{2}\right)\left(-\frac{3}{2}\right)}{6}(-x)^3+\cdots$$

$$= 1-\frac{1}{2}x-\frac{1}{8}x^2-\frac{1}{16}x^3-\frac{5}{128}x^4\cdots$$

이런 식으로 나오는데, 뉴턴은 여기서 멈추지 않고 검산을 하기 위해 아래와 같이 무한급수를 곱해봤어. 그랬더니 놀랍게도 숫자들이 서로 상쇄되어서 답이 맞아떨어졌어.

$$\left(1-\frac{1}{2}x-\frac{1}{8}x^2-\frac{1}{16}x^3-\frac{5}{128}x^4\cdots\right)\cdot\left(1-\frac{1}{2}x-\frac{1}{8}x^2-\frac{1}{16}x^3-\frac{5}{128}x^4\cdots\right)$$

$$= 1 - \frac{1}{2}x - \frac{1}{2}x - \frac{1}{8}x^2 + \frac{1}{4}x^2 - \frac{1}{8}x^2 - \frac{1}{16}x^3 + \frac{1}{16}x^3 + \frac{1}{16}x^3 - \frac{1}{16}x^3 \cdots$$

$$= 1 - x + 0x^2 + 0x^3 + 0x^4 + \cdots = \boldsymbol{1 - x}$$

이건 직접 해봐야 해. 안 해본 상태에선 엄첨 복잡할 것 같지만 직접 해
보면 생각보다 결과가 간단해. 뉴턴 역시 월리스의 수학적인 철학을 이어
받아서 그랬는지 이렇게 자신의 이론에 대해 실제로 보여주는 검산은 했
지만 그리스식의 증명을 하지는 않았다고 해. 뉴턴은 이제 $\sqrt{7}$ 과 같은 수
도 대수적인 조작을 통해서 이항식으로 놓고 근사치를 구했어.[43]

---

43      $7 = 9\left(\frac{7}{9}\right) = 9\left(1 - \frac{2}{9}\right)$. 그러므로 $\sqrt{7} = \sqrt{9\left(1 - \frac{2}{9}\right)} = 3 \cdot \sqrt{\left(1 - \frac{2}{9}\right)} = 3 \cdot \left(1 - \frac{2}{9}\right)^{\frac{1}{2}}$

$= 1 - \frac{1}{2}\left(\frac{2}{9}\right) - \frac{1}{8}\left(\frac{2}{9}\right)^2 - \frac{1}{16}\left(\frac{2}{9}\right)^3 - \frac{5}{128}\left(\frac{2}{9}\right)^3 \approx 2.64576 \cdots$

심화수업

무한급수와 미적분

모태솔로 사촌형 : 이 뉴턴의 이항정리가 소개되자 마치 봉인이 풀린 듯이 이것을 토대로 오일러 등 다른 수학자들이 결과를 쏟아내기 시작했어.

로그함수, 지수함수, 삼각함수 등을 무한급수로 표현할 수 있게 된 거야. 삼각함수 등은 항해나 건축 따위에 유용하게 쓰였는데 계산이 복잡해서 사용하지 못하던 상황에서 큰 도움이 됐지.

여기서부터 고등학교 수학에서도 중요한 내용이 나와. 혹시 삼각함수나 로그함수 등 초월함수들에도 미적분이 가능한 것이 어떻게 그럴까 궁금한 적 없었니?

너희가 보는 참고서에 보통 삼각함수나 지수 · 로그 함수를 미분 또는 적분하는 것을 증명한 방법은 나중에 정리된 것이고 원래 수학자들이 처음 알아냈던 방법은 무한급수를 통해서였어. 뉴턴과 라이프니츠가 미적분을 발표하기 전에 당시의 수학자들은 페르마가 발견한 간단한 미적분

공식 $\left(\dfrac{dy}{dx}x^n = nx^{n-1},\ \int x^n dx = \dfrac{1}{n+1}x^{n+1}+C\right)$까지는 알고 있었는데 이것으로 모든 걸 해냈어.

특히 테일러 급수를 이용해서 어려워 보이는 초월함수나 복잡한 함수를 다항식의 형태(사실은 무한급수)로 만들고 거기에다가 미적분을 했어. 다항식의 형태로 만들어놓으니 다루기가 쉬워진 거야.

2차 곡선을 설명하며 잠깐 설명한 적이 있었던 오일러의 『무한 연구 입문』이라는 책에 이런 방법들이 잘 정리되어 있었어. 1748년에 출간된 이 책은 오일러 자신이 발견한 수학적 사실들뿐 아니라 그 당시 알려진 중요한 무한급수들이 모두 망라되어 있어. 이중 고교수학에 잘 나오는 중요한 몇 가지만 골라서 보자.

1. e^x함수

모태솔로 사촌형 : 수학 II에서 지수함수와 함께 배운 e는 오일러 수(조금 전에 본 오일러 상수와는 또 다른)라고도 불려. 이 e라는 수의 존재에 대해 사람들이 알게 된 건 의외로 아주 오래전부터야.

물론 현대수준으로 이해한 것은 아니야. 비율로서 이 숫자를 이해하고 있었는데, 그건 바로 e가 돈과 관련이 있었기 때문이야. 기원전 1700년대 메소포타미아에서 발견된 기록에도 빌려준 돈의 이자율이 복리로 20퍼센트라면 언제 원금의 2배가 되는지 묻는 문제가 실려 있다고 해.[44]

---

44   Eli Maor, *e: the story of number*, 23쪽.

n이 무한대가 될 때, $e = \left(1 + \dfrac{1}{n}\right)^n$ 이라고 정의하는데 여기에는 방금 배운 뉴턴의 이항정리를 다음과 같이 써먹을 수 있어.

$$e = \left(1 + \frac{1}{n}\right)^n = 1 + n \cdot \left(\frac{1}{n}\right) + \frac{n \cdot (n-1)}{2!} \cdot \left(\frac{1}{n}\right)^2 + \frac{n \cdot (n-1)(n-2)}{3!}$$
$$\cdot \left(\frac{1}{n}\right)^3 + \cdots + \left(\frac{1}{n}\right)^n$$
$$= 1 + 1 + \frac{\left(1 - \frac{1}{n}\right)}{2!} + \frac{\left(1 - \frac{1}{n}\right)\left(1 - \frac{2}{n}\right)}{3!} + \cdots + \frac{1}{n^n}$$

이제 n이 무한으로 접근한다고 하면 아래와 같이 결과가 나오겠지. 우리가 쓰는 극한기호를 이용해서 표현하면,

$$\lim_{n \to \infty} \left(1 + \frac{1}{n}\right)^n = 1 + 1 + \frac{1}{2!} + \frac{1}{3!} + \cdots$$

오일러는 이 결과를 쉽게 e^x이라는 함수로 다음과 같이 확장했어.

$$e^x = 1 + \frac{x}{1!} + \frac{x^2}{2!} + \frac{x^3}{3!} + \cdots, \quad -\infty < x < \infty$$

소수로 표현하기 어려운 e^x 함수를 무한급수로 표현하여 좀 더 친숙하게 만든 거야. $e = 2.71828\cdots$이라는 수에 x승을 해도 결과는 같지만(계산해봐) 위와 같은 다항식과 유사한 형식이 훨씬 다루기가 쉽고 의미를 파악하기도 쉬워.

예를 들어보면 이런 거지. 지수를 공부할 때 $e^x \cdot e^y = e^{x+y}$ 같은 식을 봤을 거야. 이제 우린 이게 왜 이렇게 되는지 무한급수를 대수적으로 조작하여 간단하게 증명을 할 수 있어.

$$e^x \cdot e^y = \left(1 + x + \frac{x^2}{2!} + \frac{x^3}{3!} + \cdots\right)\left(1 + y + \frac{y^2}{2!} + \frac{y^3}{3!} + \cdots\right)$$

$$= 1 + (x+y) + \left(\frac{x^2}{2!} + xy + \frac{y^2}{2!}\right) + \cdots$$

$$= 1 + (x+y) + \frac{x^2 + 2xy + y^2}{2!} + \cdots$$

$$= 1 + (x+y) + \frac{(x+y)^2}{2!} + \cdots$$

e^{x+y}을 다항식으로 표현하면 $1 + (x+y) + \dfrac{(x+y)^2}{2!} + \cdots$ 형식이니 같은 거지.

2. 테일러 급수[45]

모태솔로 사촌형 ┆ 앞으로 소개할 대부분의 결과는 오일러가 직접 계산해 보고 발견한 것들인데, 오일러가 이렇게 할 수 있도록 날개를 달아준 사람이 있어. 바로 테일러 급수(Taylor Series)를 발명한 테일러(Brook Taylor)야. 1708년 테일러가 진동현상을 연구하면서 발명한 테일러 급수는 1772년 라그랑주(Joseph-Louis Lagrange)가 찾아내기 전까지 주목을 받지 못했어.

라그랑주는 모든 함수는 이렇게 테일러 급수로 표현될 수 있다고 했는데 나중에 모든 함수가 그런 것은 아니지만 거의 모든 함수가 테일러 급수 형식으로 표현될 수 있다는 점은 밝혀졌어. 테일러 급수는 고교수학에는 나오지 않지만 어렵지 않고 복잡한 함수의 미적분을 이해하는 도구로서 미리 봐두는 것도 나쁘지 않아.[46] 테일러 급수로 어떤 함수를 표현하는

---

45   http://calculus.seas.upenn.edu/?n=Main.TaylorSeries
46   여기서 소개하는 것은 테일러 급수에서 x가 0인 특별한 경우로 원래 매클로린 급수라고 따

형식은 다음과 같아.

$$f(x) = f(0) + \frac{f'(0)}{1!}x + \frac{f''(0)}{2!}x^2 + \frac{f'''(0)}{3!}x^3 + \cdots = \sum_{k=0}^{\infty} \frac{f^{(k)}(0)}{k!}x^k$$

위와 같은 식으로 함수를 표현할 수 있다는 게 그리 와닿지 않지? 그러니까 해보자구. e^x 함수를 볼까? e^x은 미분해도 e^x이라는 사실 알고 있지?

뭐 모른다고?

그럼 그것부터 하자. 그냥 괄호 안의 항목들을 하나씩 미분해버리면 되는 거야.

$$\frac{d}{dx}e^x = \frac{d}{dx}\left(1 + \frac{x}{1!} + \frac{x^2}{2!} + \frac{x^3}{3!} + \cdots\right) = 0 + 1 + \frac{2x}{2!} + \frac{3x^2}{3!} + \frac{4x^3}{4!} + \cdots$$

$$= 1 + x + \frac{x^2}{2!} + \frac{x^3}{3!} + \cdots$$

똑같아지지? e^x은 미분해도 e^x이라는 걸 알았으니, 하던 거 마저 하자고.

모든 k에 대해 $f^{(k)}(x) = e^x$이 될 거야. 또 $e^0 = 1$이니 $f^{(k)}(0) = 1$이야. 이제 이것들을 테일러 급수의 식($f(x) = f(0) + \frac{f'(0)}{1!}x + \frac{f''(0)}{2!}x^2 + \frac{f'''(0)}{3!}x^3 + \cdots$)에 넣어보면 $1 + x + \frac{x^2}{2!} + \frac{x^3}{3!} + \cdots$이 다시 나와.

우식이 : 정말 원래 식으로 돌아왔네.

모태솔로 사촌형 : 그렇지. e^x 함수의 성질이 특이해서 그런 건데, 다른 걸 먼저 보여줄 것을 그랬군. 이번엔 우리가 좀 전에 봤던 **기하급수**를 테일러

로 부릅니다만 본서에서는 따로 구분하지 않겠습니다.

급수로 처리해보자.

$f(x) = \dfrac{1}{1-x}$ 이니 미분을 해보면,

$$f'(x) = \frac{1}{(1-x)^2}, \quad f''(x) = \frac{2}{(1-x)^3}, \quad f'''(x) = \frac{6}{(1-x)^4}, \cdots$$

$x=0$에서 값을 구해보면,

$$f(0) = 1, \quad f'(0) = 1, \quad f''(0) = 2, \quad f'''(0) = 6, \cdots$$

이제 테일러 급수의 식 $\left(f(x) = f(0) + \dfrac{f'(0)}{1!}x + \dfrac{f''(0)}{2!}x^2 + \dfrac{f'''(0)}{3!}x^3 + \cdots\right)$에 넣어보면,

$$f(x) = 0! + 1!x + \frac{2!}{2!}x^2 + \frac{3!}{3!}x^3 + \frac{4!}{4!}x^4 + \cdots$$
$$= 1 + x^1 + x^2 + x^3 + x^4 + \cdots$$

기하급수도 이렇게 테일러 급수로 표현할 수 있어. 알다시피 $|x| < 1$에서만 성립하고.

이번엔 **이항정리**를 테일러 급수로 표현해보자. $f(x) = (1+x)^a$. 우선 미분을 하면,

$$f'(x) = a(1+x)^{a-1}, \quad f''(x) = a(a-1)(1+x)^{a-2},$$
$$f'''(x) = a(a-1)(a-2)(1+x)^{a-3}, \cdots$$

$x=0$에서 값을 구해보면,
$$f(0) = 1, \quad f'(0) = a, \quad f''(0) = a(a-1), \quad f'''(0) = a(a-1)(a-2), \cdots$$

이것을 테일러 급수식에 넣으면,

$$f(x) = 1 + ax + \frac{a(a-1)}{2!}x^2 + \frac{a(a-1)(a-2)}{3!}x^3 + \cdots$$
$$= 1 + \binom{a}{1}x + \binom{a}{2}x^2 + \binom{a}{3}x^3 + \cdots$$

우리가 알던 이항정리와 같지?

마지막으로, 당연하지만, **일반 다항식**을 테일러 급수로 표시하면 원래 함수가 나와. $f(x) = x^2 - 5x + 3$이라는 함수가 있다면 우선 미분을 하면,

$$f'(x) = 2x - 5, \quad f''(x) = 2x, \quad f'''(x) = 0, \cdots$$

$x = 0$에서 값을 구해보면,

$$f(0) = 3, \quad f'(0) = -5, \quad f''(0) = 2, \quad f'''(0) = 0, \cdots$$

이것을 테일러 급수식에 넣으면 $f(x) = 3 - 5x + \frac{2}{2!}x^2 = x^2 - 5x + 3$.

오일러 공식

모태솔로 사촌형 : 이제 그 유명한 오일러 공식을 보자. 이 공식은 그 자체로도 아름다운 식이지만 우리가 삼각함수와 e함수를 이해하고 정리하는 데도 큰 도움이 돼. 물론 테일러 급수를 통해 쉽게 이해할 수 있고.

$$e^{ix} = \cos x + i \sin x$$

이건 그냥 e^x의 공식의 확장이라고 생각하고 다항식의 형태로 풀어보면,

$$
\begin{aligned}
e^{ix} &= 1 + ix + \frac{(ix)^2}{2!} + \frac{(ix)^3}{3!} + \cdots \\
&= 1 + ix + \frac{i^2 x^2}{2!} + \frac{i^3 x^3}{3!} + \cdots \\
&= 1 + ix - \frac{x^2}{2!} - i\frac{x^3}{3!} + \frac{x^4}{4!} + i\frac{x^5}{5!} + \cdots \\
&= \left(1 - \frac{x^2}{2!} + \frac{x^4}{4!} - \cdots\right) + i\left(x - \frac{x^3}{3!} + \frac{x^5}{5!} - \cdots\right)
\end{aligned}
$$

이것을 위의 오일러 공식과 비교해보면 $\left(1 - \frac{x^2}{2!} + \frac{x^4}{4!} - \cdots\right)$은 코사인 함수, $\left(x - \frac{x^3}{3!} + \frac{x^5}{5!} - \cdots\right)$은 사인함수가 된다는 것을 알 수 있어. **코사인** 함수와 **사인** 함수도 무한급수로 아래와 같이 표현할 수 있어.

$$
\cos x = 1 - \frac{x^2}{2!} + \frac{x^4}{4!} - \frac{x^6}{6!} + \cdots = \sum_{k=0}^{\infty} (-1)^k \frac{x^{2k}}{(2k)!}
$$

$$
\sin x = x - \frac{x^3}{3!} + \frac{x^5}{5!} - \frac{x^7}{7!} + \cdots = \sum_{k=0}^{\infty} (-1)^k \frac{x^{2k+1}}{(2k+1)!}
$$

기념으로 사인 함수 미분 한번 해볼까? $\frac{d}{dx}\sin x = \cos x$라고 고등학교 교과서에 나와 있거든. 보통 교과서에서는 다른 방식으로 증명을 하는데

이걸 무한급수로 증명해보자. 아래 보다시피 무한급수로 쭉 전개하고 각 항을 미분만 하면 끝! 아주 쉬워.

$$\frac{d}{dx}\sin x = \frac{d}{dx}\Big(x - \frac{x^3}{3!} + \frac{x^5}{5!} - \cdots\Big)$$

$$= 1 - 3 \cdot \frac{x^2}{3!} + 5 \cdot \frac{x^4}{5!} - \cdots$$

$$= 1 - \frac{x^2}{2!} + \frac{x^4}{4!} - \cdots$$

어때, 정말로 사인을 미분했더니 코사인이 나왔지? 연습으로 코사인도 이런 식으로 미분을 해서 확인해봐, 정말로 $-\sin x$가 나오는지.

이제 로그함수의 무한급수 표현을 보자. 로그함수는 뉴턴이 먼저 발견했는데 그는 공책에 적어놓기만 했고, 1668년 독일계 수학자 메르카토(Nicholas Mercator)가 세상에 처음 발표했지. 여기서는 뉴턴이 식을 도출한 방식을 한번 추적해보자. 식은,

$$(1+x)^{-1} = 1 - (-1)\cdot x + \frac{(-1)(-2)}{2}x^2 + \frac{(-1)(-2)(-3)}{6}x^3 + \cdots$$

$$= 1 - x + x^2 - x^3 + x^4 - \cdots$$

인데, 사실 여기서 뉴턴은 이미 알려져 있던 사실을 살짝 응용만 했을 뿐이야. 그레구아르 생뱅상이 이미 밝힌 $y = \frac{1}{x}$ 곡선 밑의 1에서 t까지의 면적이 $\log t$가 된다는 사실을 미리 알고 조금 변형만 했어. 즉,

$$\int_0^t \frac{1}{1+x}\,dx = \int_0^t (1 - x + x^2 - x^3 + x^4 - \cdots)\,dx$$

$$= x - \frac{x^2}{2} + \frac{x^3}{3} - \frac{x^4}{4} + \cdots$$

이제 $\log(1+t) = \displaystyle\int_0^t \frac{1}{1+x}dx = t - \frac{t^2}{2} + \frac{t^3}{3} - \frac{t^4}{4} + \cdots$ 라는 사실을 알 수 있지. 이렇게 로그함수를 도출하면서 뉴턴은 원래 계산이 어려운 적분을 무한급수를 이용하면 근사치를 찾을 수 있다는 단초를 제공해줬어.

우식이 : 그런데 왜 $\log(1+x)$를 구한 거야? 그냥 $\log(x)$를 구하지 않고?

모태솔로 사촌형 : 조금 복잡해서 개념을 먼저 잡으려고 그랬어. 이제 $\log(x)$를 구해보자.

조금 변형하여, $x=1$에서의 $\log(x)$를 테일러 급수로 표현해보자. 보다시피 $x=0$이 되면 $\log(0)$이란 것은 없기 때문에 $x=1$에서 테일러 급수를 적용해야 해.

미분을 해보면,

$$f'(x) = x^{-1}, \quad f''(x) = -x^{-2}, \quad f'''(x) = 2x^3$$

$x=1$에서의 값을 구해보면,

$$f(1) = 0, \quad f'(1) = 1, \quad f''(1) = -1, \quad f'''(1) = 2$$

테일러 급수식에 적용해보면,

$$f(x) = \log(x) = (x-1) - \frac{(x-1)^2}{2} + \frac{(x-1)^3}{3} - \frac{(x-1)^4}{4} + \cdots$$

그런데 여기서 $t = x-1$이라고 놓으면 $x = t+1$,

$$\log(1+t) = t - \frac{t^2}{2} + \frac{t^3}{3} - \frac{t^4}{4} + \cdots$$

앞의 것과 같아졌지?

레온하르트 오일러

불량 아빠 : 사촌형의 무지막지한 강의를 듣느라고 수고했다. 정신이 좀 없었을 거야.

이렇듯 무한급수를 통해 미적분으로 이르는 새로운 길을 열어준 사람은 뉴턴과 오일러라고 할 수 있는데, 오일러에 대해 알아보자.

1707년 스위스 바젤에서 태어난 오일러는 수학역사상 가장 많은 저술을 남긴 수학자로 남아 있어. 17세에 바젤 대학에서 석사학위를 받았는데 그때까지 오일러의 아버지는 오일러가 목사가 되기를 원해서 주로 신학과 히브리어를 배우도록 했어.

하지만 대학에서 수학에 워낙 두각을 나타내 요한 베르누이의 눈에 들었고 과외를 받기 시작했어. 그러면서 니콜라스, 다니엘 베르누이 형제들과 친해졌지. 이들이 결국 오일러의 아버지를 설득해서 오일러가 수학자의 길로 가도록 도왔다고 해. 그래도 오일러는 여전히 신앙심을 갖고 항상 감사하고 겸손하게 살았대.

오일러의 천재성을 엿볼 수 있는 일화는 많아. 한번은 프랑스 과학원이 선박의 돛대를 가장 잘 만든 사람에게 상금을 건 적이 있었는데(1727년) 바다를 한 번도 본 적 없고 기껏해야 호수에서 보트를 본 것이 전부인 오일러가 처음 참가해서 2등을 차지했다고 해. 수학적으로 분석해서 가장

효율적인 돛대를 설계한 거지. 그 후 매년 참가
해서 12번인가 계속 상을 탔대.

오일러는 바젤 대학의 교수로 지원을 했는데
낙방하고 의학공부를 하고 있었어. 그때 마침
절친인 니콜라스와 다니엘이 러시아 성피터스
버그 학술원(Saint Petersberg Academy)에 의학교
수 자리가 있다고 귀뜸해줘서 자리를 얻게 되
었어. 이곳은 표트르 대제가 낙후된 러시아의
과학기술을 유럽 선진국 수준으로 끌어 올리려
고 야심차게 지원한 교육기관이긴 했지만 그

오일러(1707~1783)
스위스의 수학자 겸 물리학자로, 무한
급수를 다항식처럼 다루어 많은 수학
적 발견을 이루었다. 미적분학, 대수
학, 정수론, 기하학 등 다양한 분야에
업적을 남겼다.

당시에는 워낙 학교가 허술해서 오일러가 의학과 교수로 들어가서는 수
학과로 살짝 옮겨도 아무도 몰랐다더군.

오일러는 여기서 1733년 수학과 학장이 되고 연구에 매진해. 그다음
해 26세에 결혼을 하고 가정을 꾸려선 13명의 아이를 가져. 그런데 안타
깝게도 성인으로까지 자란 아이는 5명뿐이었다고 하네. 오일러는 다정한
아버지였는데 아이를 안고 노래를 들려주면서도 머릿속으로는 수학계산
을 하곤 했대. 게다가 결혼한 지 얼마되지 않아 사고를 당해서 오른쪽 눈
의 시력을 거의 잃게 되고 60세에 시력을 모두 잃었는데도 수학 연구를
멈추지 않았다고 해. 오히려 시력 상실 이후에 더 많은 논문을 발표했어.
평균적으로 보면 매년 800페이지 이상의 논문을 발표한 거라고 해. 오일
러는 특히 암기력이 뛰어나서 몇천 줄이 넘는 싯구들도 외워버리곤 했대.

1741년에는 러시아의 상황이 더 혼란스러워져서 독일 베를린 과학원
으로 옮기는데 여기서 프로이센의 프리드리히 대왕이 준 과제를 해결하

지 못하고 말아. 프리드리히 대왕은 자신의 여름별장 겸 왕궁까지 수로를 연결하는 작업을 오일러에게 맡기는데 수학자이지 엔지니어가 아니었던 오일러는 이것을 해내지 못해.

이렇게 된 데는 프리드리히 대왕의 신하들이 오일러를 왕따시키기도 하고 텃세를 부린 탓도 있었고 프리드리히 대왕과 성격도 잘 맞지 않았던 것이 컸어. 프리드리히 대왕은 오일러를 외눈박이라고 놀리기도 하고 오일러 같은 스타일은 자신의 취향이 아니라고 다른 사람들에게 험담을 하기도 해서 착한 오일러가 마음고생을 좀 했었대. 천재를 알아보지 못하는 왕에게는 오일러도 어쩔 도리가 없었지.

결국 자신을 알아주는 곳인 러시아로 돌아가게 되는데, 그곳엔 훨씬 더 좋은 기회가 기다리고 있었어. 여제 예카테리나 2세가 러시아의 과학 경쟁력을 강화하기 위해 큰 집, 눈을 치료할 의사, 게다가 요리사까지 마련해서 오일러를 기다리고 있었어. 안타깝게도 눈을 치료하지는 못했지만, 최고의 인재로 대우를 받았지.

시력을 점점 잃어가고 있었지만 오일러의 머리는 오히려 더욱 비상해졌어. 오일러는 이제 종이에다 계산하는 대신 머릿속으로 암산을 하고 외워버리고는 그 결과를 아들에게 적도록 하는 방식으로 논문을 썼어. 오일러의 머릿속 암산은 누구보다 빠르고 정확했다고 해.

1771년에는 오일러의 집에 큰 불이 났는데 그림(Grimm)이라는 하인이 오일러를 들쳐업고 나오지 않았으면 그 자리에서 목숨을 잃을 뻔했어. 우리는 이 그림이라는 사람에게 큰 상을 줘야 해. 물론 가구와 책, 서류 등은 다 타버렸지만 비상한 오일러의 기억력 덕택에 오일러의 수학적인 업적에는 영향이 없었어. 게다가 타버린 가구와 서재까지 예카테리나 2세가 다시 마련해줬다는군.

오일러의 시대에는 사람들이 과학과 수학에 눈을 뜨면서 점점 신을 믿지 않는 분위기가 생기기 시작했는데 오일러는 그렇지 않았어. 오일러의 믿음은 맹목적인 신앙이라기보다는 겸손함에서 비롯된 거였어. 오일러가 오일러 수라고 불리는 e를 만들었을 때 어떤 사람들은 오일러가 자신의 이름 머릿글자에서 e를 따왔다고 주장했어. 물론 그렇다고 해도 이상할 것이 없었는데, 오일러를 직접 아는 사람들이 나서서 이구동성으로 "겸손한 오일러는 그럴 위인이 아니다"라고 말했다는군. 단지 알파벳 글자 a, b, c, d가 너무 많이 쓰여서 그다음 숫자인 e를 쓴 것뿐이라는 사실이 밝혀지기도(?) 했지. 그리고 원주율 π도 오일러가 처음 쓴 건 아니지만 오일러가 쓰면서 사람들이 따라서 쓰기 시작한 거야.

오일러가 공개석상에서 상대방을 공격한 경우는 단 한 번이었다고 하는데, 그 대상이 디드로(Denis Diderot)라는 프랑스 철학자 겸 무신론자였어. 오일러가 있던 성피터스버그 학술원에 방문교수로 온 디드로는 신이 존재하지 않는다고 주변 학자들에게 논리적으로 주장을 하고 반박을 못하게 했는데, 이에 오일러가 "$\frac{(a+b^n)}{n} = x$이니 신은 존재한다, 이에 대해 반박해보라"라고 쏘아붙였대. 사실 이 식은 오일러가 아무런 의미 없이 만든 식이었지만 디드로는 수학을 전혀 몰라서 아무 말도 못했다고 해. 결국 디드로는 그 길로 프랑스로 돌아갔다고 해.

오일러는 스위스인이지만 러시아에서 대접을 잘 해줘서 이에 보답하기도 했어. 특히 러시아 학생들을 위해서 기초 미적분 등 수학책을 저술하기도 했는데, 러시아가 지금도 수학과 기초과학이 강한 데는 오일러의 기여도 어느 정도 있는 것 같아.

Day 26

극한(미적분)의
증명과정

불량 아빠 : 어제 잠깐 무한급수를 봤으니 오늘은 다시 극한으로 돌아와서 미적분의 증명과정이 어떻게 진행되었는지 알아보자. 결국 미적분의 증명이란 것은 극한의 증명이야.

수학 II에 나오는 내용의 대부분이 미적분(극한)의 증명과정을 거치면서 발견되거나 고쳐진 것들이라고 한 말 기억나지? 오늘 미적분의 증명과정을 보면서 수학 II의 내용들이 많이 나올 거야.

우선 우식이가 좋아하는 역사를 좀 정리하고 들어가자.

인류의 발전과정이나 역사가 대부분 그렇듯이 수학의 발전도 우리가 보기 편하도록 순서대로 발전하진 않았어. 역사적으로는 미적분이 도입된 후 함수, 집합, 실수 등이 정확히 체계를 잡게 돼. 이것들이 모두 극한을 증명하는 과정에서 도출된 개념들이다, 이거지. 게다가 극한도 미적분이 이미 도입된 후에야 제대로 증명이 되었어.

고등학교에 들어가면 미적분에서는 극한, 도함수, 미분, 적분의 순서로 배우는데, 이와 달리 역사적으로는 **적분 → 미분 → 극한 → 실수체계(집합, 명제, 함수 포함)**의 순서로 이들 개념이 도입되고 이론이 정립되었단다. 여기서 적분과 미분은 실제로 적용방법, 테크닉을 개발했던 단계였고 극한과 실수체계는 논리적인 증명을 했던 단계인데 약간 겹쳐 있어. 오늘은 이중 세 번째 단계에 대해서 알아보고자 해. 네 번째 단계인 실수체계는 이미 집합과 함께 배웠었지?

우리가 며칠 전에 봤던 제논의 화살 문제에서 비롯된 이 무한 개념의 모순은 뉴턴과 라이프니츠가 미적분을 발표해서 여러 사람들이 활발히 미적분을 사용하고 있던 와중에도 여전히 해결되지 않은 문제였어.

그런데 사람들이 미적분을 많이 쓰기 시작하면서 활용범위가 넓어질수록 무한 개념의 논리적인 증명이 필요하다는 생각도 점점 커졌지. 실제로 미적분을 배우려는 당시 사람들에게 이런 의문이 생긴 거야.

미적분을 배우던 첫날 뉴턴의 미분을 공부하면서 봤던 이 식을 봐봐.

$$\frac{\Delta y}{\Delta x} = \frac{f(x + \Delta x) - f(x)}{\Delta x}$$

라는 식에서 Δx가 점점 0에 가까운 작은 수가 될 때 다음과 같이 표현하지.

$$\lim_{\Delta x \to 0} \frac{f(x + \Delta x) - f(x)}{\Delta x}$$

여기에서 이 Δx를 어떻게 취급해야 할지가 많은 사람들을 괴롭혔던 문제였어. 현실적으로 미분이 가능하다지만 수학적으로 말이 안 되는 거야. 그동안 수학 I과 II를 통해서 대수학 좀 한다는 소리를 듣는 우리들이 보기에도 그래. 왜냐면 $\Delta x=0$으로 취급하자니 분모에 0이 들어가서 0으로 나누게 되니 계산법칙이 깨지고 그렇다고 0이 아니라고 하면 미분이 안 되는 이런 난처한 상황이 되어버리거든. 예를 들어 $y=x^2$을 직접 보자. 이 경우 $\dfrac{\Delta y}{\Delta x} = \dfrac{(x+\Delta x)^2 - x^2}{\Delta x}$은 $2x+\Delta x$가 되는데, 분모의 Δx를 어찌 처리해야 할지가 문제였어. 이게 사실은 제논의 화살 문제, $0.999\cdots=1$? 의 문제와 다 같은 맥락의 문제로, 오래된 질문이 모양만 바뀌어서 다시 나타난 거야.

이 문제를 바로 꼬집은 사람이 버클리 주교(Bishop George Berkeley)였지. 버클리 주교는 뉴턴이 유율(fluxion)이라 이름 지은, 결국 무한소의 개념에 대해 다음과 같이 비판했어.

"유율(무한소)이란 건 도대체 뭐냐? 사라지는 가속도라고? 이 사라지는 가속도는 또 뭔 얘기인가? 이것들은 유한한 수량(數量)을 가진 것도 아니고 무한히 작은 것도 아니고 그렇다고 0도 아니라는데. 그냥 이 수량이 귀신이 되어버려서 유체이탈을 한 거라고 보면 안 될까?"

버클리 주교가 미적분의 결과에 대해서는 동의하면서도 무한의 개념에 대해 세게 비판한 것은 학문적인 이유보다는 종교적인 이유에서였는데, 뉴턴 이후 과학자와 수학자들이 과학적인 방법론을 통해 신에 도전하고 있다고 생각했기 때문이야. 그는 미적분 같은 과학이 종교보다 논리적으로 열등하다는 것을 증명하고자 했어. 그러면서 Δx란 오차에 대한 보상의 개념으로 이해해야 한다고 훈수를 두기도 했지. 물론 이것도 틀렸다는 것이 금세 밝혀졌지만.

아, 그래서 Δx 이걸 0으로 봐야 하는지 아닌지 궁금하다고? 답은 "0은 아니지만 0으로 보고 계산할 수 있다"야. 이미 0.999…=1 문제에서 우리가 그렇게 결론을 내렸잖아? 0.999…와 1 사이에 어떤 수가 존재하지만 오차범위 내에서는 둘이 같은 것으로 보기로 한 것과 같은 맥락이지. 분명 0은 아닌데, 우리가 허용하는 오차범위에서는 0이니 분모에 들어갈 수 있는 0인 거야.

미적분의 증명이 중요해진 이유

불량 아빠 : 그럼 한 100년 동안 문제없이 잘 사용하고 있던 미적분의 증명이 왜 중요해졌을까?

1600년대 후반과 1700년대 초반 수학자들이 새로 나온 개념인 미적분을 현실에 활용하는 데 정신이 없었다면, 1700년대 후반 들어와서는 다음과 같은 여러 가지 이유로 미적분에 대한 증명의 문제가 다시금 떠올랐어.

첫 번째 계기는 버클리 주교가 만들어줬어. 앞서 말한 것 같은 도발적인 주장을 해서 수학자들의 관심을 받은 거지. 수학자들은 버클리 주교의 주장에 명확히 답을 찾지 못했지만 어렴풋이 부등식을 이용해서 설명할 수 있을 것이라는 생각까지는 했어. 주로 매클로린(Colin Maclaurin), 라그랑주(Joseph-Louis Lagrange) 등이 이런 생각을 했지. 영국, 스코틀랜드의 수학자들은 뉴턴의 미적분이 라이프니츠의 것보다 우월하다는 것을 보이기 위해 특히 더 이론에 집착했어. 당시엔 이렇다 할 성과를 내지는 못

했지만서도.

두 번째 이유는 1800년쯤 이르자 미적분을 활용할 대상들이 점차 줄어들었다는 점이야. 17세기에 개발된 미적분의 이론을 주변의 현실에 활용해왔는데 여기저기 다 적용해봐서 이제 밑천이 바닥난 상태가 된 거야. 그동안 쌓인 수학적 지식에 따른 자신감도 좀 생겼고, 활용할 분야가 남아 있지 않으니 수학자들은 다시 이론을 들여다보기 시작한 거지. 자신감 때문인지 아니면 이제야 정신이 든 건지 수학자들은 미적분도 옛 그리스식의 엄밀한 증명방식을 거쳐야 한다고 생각했어. 특히 라그랑주와 코시의 생각이 그랬어.

세 번째는 대중화된 교육의 필요성 때문이었어. 이때부터 학회 등 과학단체가 생기고 귀족들만의 전유물이었던 고급 지식이 점차 중산층에까지 미치게 되면서 일반인들도 미적분에 관심을 갖게 됐어. 특히 뉴턴의 물리학이 소개되면서 일반 대중들이 과학과 수학에 큰 관심을 보이기 시작했다고 해.

일반인들에게 쉽게 설명하려는 책을 쓰려다보니 "미적분이 도대체 뭔가"하는 근본적인 질문에 답을 할 필요가 생기게 되었지. 특히 전문적인 학교가 늘어나고 학생을 가르칠 교수들이 늘어나면서 그런 필요성이 더 커졌어. 가장 대표적인 예가 1794년 프랑스 혁명정부에 의해 파리에 세워진 공과대학인 에콜 폴리테크니크(Ecole Polytechnique)야. 혁명정부의 이미지에 맞게 사회계급에 상관없이 능력 있는 사람들을 교육시킨다는 명분으로 학생들을 대거 뽑았고 이런 변화를 다른 유럽 국가들도 따라하면서 미적분의 역사에도 영향을 준 거지.

그 증거로 라그랑주, 코시, 바이어슈트라스 등 미적분의 증명에 기여한

에콜 폴리테크니크

프랑스의 명문 공과대학. 1794년 프랑스 혁명정부에 의해 세워진 에콜 폴리테크니크는 역사상 전례 없이
일반 사람들에게도 과학기술 교육의 기회를 넓혀준 대학이었다. 1804년 나폴레옹이 황제에 즉위한 후 군
사학교로 분류되어 국가 기술관료를 길러내는 교육을 했다. 설립 초기 코시, 푸리에, 라그랑주 등의 쟁쟁한
수학자, 과학자를 교수진으로 구성하여 수학, 물리, 화학, 토목, 건축, 군사 등 과학기술 교육에 힘썼다. 위
의 사진은 과거 에콜 폴리테크니크 도서관(1921년)과 학교 모습.

사람들은 모두 학교에서 학생들을 가르치고 있었어. 학생들에게 새로운 개념을 가르치다보니 미적분의 근본적인 원리에 대해 질문을 많이 받았을 테고 아무래도 정확하게 설명할 방법을 고민했겠지. 나중에 코시가 극한의 개념을 소개한 책도 자신의 강의노트를 기반으로 만든 거였어.

이들 중 대중들에게 미적분 개념을 설명하려면 현재의 모호한 정의로는 어렵다는 점을 가장 절실히 느낀 사람은 튜린(Turin, 프랑스·이탈리아 접경지역으로 이탈리아어로 토리노라고도 불려)의 군사학교에서 수학을 가르치던 라그랑주였어.

여기서 미적분의 증명이 중요해진 네 번째 이유로 라그랑주를 들 수 있어. 유럽 수학계의 대가 라그랑주가 새로운 방법으로 이 문제를 파고들면서 많은 학자들도 달려들게 되거든. 라그랑주는 미적분의 개념을 확실하게 정립하고자 시도했고 1760년 이후 본격적으로 연구를 시작했어. 그래서 결론 내린 것이 미적분을 제대로 설명하려면 사람들이 다 잘 알고 있는 대수학(수학 I의 내용)을 이용해야 한다는 점이었지. 라그랑주도 처음에는 다른 수학자들(뉴턴, 라이프니츠 등)과 마찬가지로 무한소의 개념을 정의해보려고 노력했는데 아무리 해도 버클리 주교가 지적했던 문제점을 해결할 수 없다는 것을 깨닫고 대수학을 통해 정의를 내리는 것으로 방법을 바꾸었어.

이전까지는 모든 수학자들이 무한소의 개념을 그래프나 그리스 기하학의 증명방법을 통해 설명하려 했는데 이제 도구 자체를 바꿔본 거지. 여기서 대수학은 다른 것이 아니라 우리가 수학 I에서 배운 내용들이 대부분이고 수학 II의 내용이 조금 포함되어 있어.

라그랑주와 미적분

불량 아빠 : 라그랑주는 오일러와 친했어. 오일러가 튜린의 군사학교 교수 자리도 알아봐줬거든.

오일러는 이미 봤듯이 $\sin x$ 함수도 인수분해를 해버리는 등 모든 것을 대수적으로 계산했던 사람이야.[47] 라그랑주는 오일러가 쓰던 그런 방법 중에 미적분을 설명할 수 있는 방법이 있을 것이라고 생각했어. 또 라그랑주는 어떤 함수든지 무한급수를 통해서 표현할 수 있다고 믿었는데(나중에 모든 함수가 그런 것은 아니라고 밝혀졌지만) 그때까지는 이를 통해 미적분을 설명할 수 있을 것이라는 감만 잡았을 뿐이지 구체적으로 어떻게 해야 할지는 아직 모른 상태였어.

그래서 1784년 베를린 학술원 이름으로 미적분을 증명하는 사람에게 상금을 주는 대회도 마련했지. 상을 탄 사람은 윌리에르(Simon L'Huilier)였지만 라그랑주는 그의 논문에 만족하지 못했고 미적분 증명에 대한 돌파구도 찾지 못했어. 그리고 그 후 우울증에 걸려서 연구도 안 하고 우울한 날을 보내고 있었대.

그러다가 라그랑주는 프랑스 혁명 이후 다시 책을 잡고 공부를 하기 시작해. 역사가들은 르모니에르(Le Monnier)라는 자신보다 40살 정도 젊은 여자를 만나서 우울증에서 회복했다고도 하는데 그보다 확실한 계기는 다른 데 있었어. 라그랑주는 프랑스 혁명 후 조금 전에 말했던 에콜 폴리테크니크에서 강의를 맡게 되었는데 그게 본인이 원해서가 아니라 혁명

---

47   이 책의 1권 Day 3, 90쪽을 참조하세요.

세력들이 "죽을래 아님 가르칠래"식으로 강요해서 받아들인 자리였대. 정신이 확 들면서 우울증이 달아났겠지.

그런데 그렇게 강의를 하다보니 다시 미적분을 증명해야겠다는 생각이 든 거지. 이렇게 해서 그는 『함수해석 *Fonctions analytique*』이라는 책을 썼어. 책의 내용은 미적분의 대상이 되는 함수를 무한급수로 만들어서 분석하는 것이 대부분이야. 우리가 무한급수를 통해 함수를 설명했던 것들이 그런 예들이지.

라그랑주(1736~1813)
이탈리아 태생의 프랑스 수학자이자 천문학자로, 뉴턴의 고전역학을 새롭게 체계화하여 1788년 『해석역학』을 발표했다.

이 책이 아주 훌륭해서 코시나 체코의 수학자 겸 철학자였던 볼차노(Bernard Bolzano)는 이 책에서 미적분을 증명하는 데 필요한 지식과 아이디어를 많이 얻었대. 기록에 따르면 코시가 전쟁터까지 들고 갔던 네 권의 책 중 하나가 바로 이 라그랑주의 『함수해석』이었다고 해.

라그랑주는 이 책에서 미적분을 증명하려면 대수학을 쓰는 방법밖에 없다고 밝히면서 여러 이유를 들었는데 설명하자면 다음과 같아.

첫째, 대수학은 쉽게 일반화할 수 있으면서도 명확하다는 장점을 가지고 있어. 일반화된 식에다가 수를 대입하여 조작을 하면 새로운 사실을 발견할 수 있고 답을 찾기도 편해서 기하학과는 달리 미적분을 설명하는 데 유리해.

둘째, 대수학은 문자기호를 이용해서 계산하는 것이라, 미적분, 특히 라이프니츠 미적분이 문자기호를 조작하는 것과 유사해서 큰 부담을 갖지 않고 접근할 수 있어. 앞에서 영국이 보다 복잡한 뉴턴식의 미적분 기호를 써서 수학이 100년 정도 정체되었다는 주장을 살펴봤는데 수학에서 친근한 기호의 효과는 무시 못 해. 처음 수학을 접할 때 어려워 보이는 이유의 절반은 기호가 낯설어서야. 그러니 수학을 포기하기 전에 일단 수학 기호를 잘 알고는 있는지 확인해봐. 그것 때문일 수도 있으니까.

마지막으로, 무한급수(무한급수는 미적분과 관련이 깊어서 우리는 수학 II 또는 미적분에서 배우지만 당시에는 대수학의 일부분이었어)에 대수적인 조작을 해서 그 식의 성격을 파악하고 답을 찾는 것은 이미 많은 사람들이 쉽게 할 수 있는 기법이었어. 함수를 무한급수로 만든 후 미분 또는 적분을 해버리면 논란이 많은 무한소 개념을 건드리지 않고도 답을 찾을 수 있어. 1700년대에 이미 많은 수학자들이 무한급수의 개념을 활발히 사용하고 있었어. 고차 방정식으로 풀면 답이 떨어지지 않는 경우가 많아서 무한급수를 통해 근사치를 구하는 방법이 널리 퍼져 있었거든. 그리고 1700년대 말에 이르러서는 무한급수로 근사치를 구할 때, 오차범위에 대한 수학자들의 관심이 높아지면서 부등식을 사용하는 수학적인 방법들이 새로 도입되고 또 유행했어.

동현이 : 아, 그래서 방정식과 함께 부등식도 배우는 거군요?

불량 아빠 : 그렇지! 현실문제에서는 방정식에서처럼 딱 맞아떨어지는 경우가 드물기 때문에 오차를 최소화한 근사치를 구해 문제를 해결하는 경우가 대부분이야. 특히 절대값을 이용한 부등식은 증명을 하는 데 아주 유용하게 쓰이니 익숙해지면 여러모로 편리해.

앞서 말했다시피 고등학교 수학이 너희들이 그동안 배웠던 수학과 다른 점은 이제 딱 맞아떨어지는 답보다는 어느 정도 오차를 감안한 가장 적절한 답을 찾는 것이 중요해진다는 거야. 극한의 개념이나 무한급수나 모두 근사치를 구하는 방법이야. 그런데 이 근사치를 구하고 나서 이것이 적절한지를 검토해보려면 부등식을 써야만 해.

이렇게 미적분의 증명을 위해 멍석을 잘 깔아놓은 라그랑주는 나중에 나폴레옹의 신임을 받아서 나폴레옹이 선생님으로 모시는 저명인사가 됐어. 나폴레옹은 "라그랑주는 수학계에서 피라미드처럼 우뚝 선 존재다"라고 극찬했다고 해. 또 나폴레옹이 파리에 머무를 때에는 어떻게 수학을 통해 프랑스를 강력하게 할 수 있을지 라그랑주에게 자주 자문을 구했대.

코시의 극한 증명

불량 아빠 : 드디어 코시가 등장할 차례구나. 미적분의 증명과 관련해서 코시는 모든 것을 종합정리하는 역할을 해. 라그랑주의 영향을 받아 코시는 "부등식의 대수적인 적용(Algebra of Inequalities)"을 통해 극한의 개념을 증명해내.

이제부터는 좀 복잡하니, 사촌형이 바톤터치!

모태솔로 사촌형 : 코시는 어떤 수에 한없이 가까이 간다는 개념을 다른 사람들처럼 무한소의 개념으로 설명하지 않고 어찌 보면 문제를 상대방에게 떠넘겨버리는 신의 한수를 생각해내. 일명 물귀신 작전!

무슨 말인고 하니 마치 이런 식이야. "여기 어떤 수에 한없이 가까워지는 수가 있는데 당신이 그 거리를 마음껏 작게 만들어보시오. 내가 그것보다 더 작은 거리를 바로 보여줄 수 있으니!"[48]

이렇게 모순적인 문제의 해결방안을 모순적인 방식에서 찾은 것도 천재적이지만 이것을 논리적·수학적으로 해석해낸 것은 더욱 놀라워. 보통 코시는 현대수학과 고전수학의 경계선을 그은 사람이라고 평가받는데 그 이유는 코시가 사람들이 당연하다고 생각하는 것들을 모두 수학을 통해 증명해냈기 때문이야. 코시는 바로 이 물귀신 작전도 수학적으로 설명해.

아래 보이는 절대부등식에 기반한 ε-δ 정의(엡실론-델타 정의)라는 것을 이용해서 증명하는데, 다음 내용은 대학에 가서 배우는 것이니까 우선은 이런 것이 있다고만 알면 돼. 이걸 먼저 가벼운 마음으로 보고, 교과서의 극한 부분을 보면 이해하는 데 도움이 될 거야.

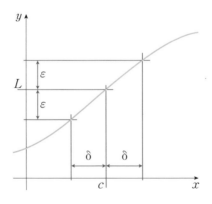

그림에 나오는 ε은 가까이 다가가려고 목표하는 함수값(y 또는 $f(x)$) L

---

48   복잡해 보이지만 216쪽에서 허용오차를 이용한 방법과 결국 같은 이야기입니다.

과의 ＋/－오차를 표현한 것이고 δ는 증명하려는 사람이(가령 코시가) 선택할 수 있는 독립 변수(보통 x)의 ＋/－오차범위야.

L의 오차 범위를 상대방이 아무리 작게 만든다고 해도 내가 c의 오차범위를 줄여서 상대방이 만들어낸 L의 오차범위 안에 들어가게 할 수 있다면 극한이 존재한다는 뜻이야. 코시는 이걸 절대부등식을 사용해서 어떤 수가 한없이 가까워지는 것을 표현해내.

다음과 같이 수학적으로 썼는데 미리 겁먹을 필요 없어. 복잡해 보일 뿐이지 같은 말을 하고 있어.

어떤 작은 $\varepsilon > 0$에 대해 $0 < |x-c| < \delta \;\Rightarrow\; |f(x)-L| < \varepsilon$을 만족하는 $\delta > 0$이 항상 존재하면 $\displaystyle\lim_{x \to c} f(x) = L$이다.

위와 같은 간결한 식은 1870년대 들어 바이어슈트라스의 작업을 거쳐 완성되었지만 기본적인 틀은 코시가 만든 것이어서 코시가 극한을 증명한 것이라고 보통 인정하고 있어.

생각해보면 며칠 전 배웠던 극한의 이해에서 나온 $0.999\cdots = 1$을 설명한 것도 같은 원리였다는 걸 알 수 있어.

이 내용이 한번에 이해되면 좋지만 아니어도 상관없어. 원래 여러 번 보다가 어느 날 갑자기 의미가 이해되는 내용이니 지금 모르겠다고 걱정할 필요 없어.

헝가리 출신의 유명한 수학자 할모스(Paul Halmos) 역시 대학교 다닐 때 이 극한을 이해 못 해서 몇 년 동안 고생하다가 "어느 순간 213호 강의실에서 모든 것이 이해가 되었다"라고 고백하기도 했지. 다만 여기 나오는 절대부등식 다루는 법은 잘 익혀둬. 시험에도 잘 나오고 수학적 논리를 전개하는 데 필수적인 내용이니까.

직접 문제를 보며 이해해보자. 수학 I의 내용과 절대부등식만 알고 있으면 별로 어렵지 않을 거야.

예를 들어 $\lim_{x \to 3}(4x+2)=14$라는 문제가 주어지면 제일 먼저 할 일은 이걸 해석하는 거야. 식이 의미하는 건 x가 3에 가까워질수록 $4x+2$는 14에 가까워진다는 말이지. 여기서 코시가 했던 것처럼 해보자. 조금 전에 봤던 식과 비교하면 14가 L이 되는 것이고 $4x+2$는 $f(x)$가 되는 거야. 이제 $4x+2$를 원하는 만큼 14에 가깝게 붙여서 오차를 줄여보자. 우선 오차를 1보다 작게 하려면 절대값을 활용해 나온 식은 $|4x+2-14|<1$이야. 풀어내면 $-1<4x+2-14<1$.

정리하면, $-1<4x-12<1$ 또는 $-1<4(x-3)<1$. 결국 $-\dfrac{1}{4}<(x-3)<\dfrac{1}{4}$, 또는 $|x-3|<\dfrac{1}{4}$ (즉 $\delta=\dfrac{1}{4}$)이면 $4x+2$와 14 사이의 오차 (ε)가 1 미만이 돼.

오차를 $\dfrac{1}{1000}$로 하고 싶으면 $|x-3|<\dfrac{1}{4000}$로 만들면 돼. 위와 같은 방식으로 직접 식을 만들어봐. 오차를 아무리 작게 만든다고 해도 맞춰줄 수 있으니 위의 극한은 성립한다고 말할 수 있어.

특별할 것 없는 수학문제라고 생각할지도 모르겠다. 하지만 너희들은 이 문제를 풀어봄으로써 그리스 시대 제논 이후 인간이 수천 년간 고민한 무한의 문제를 수학으로 깔끔하게 해결했던 역사의 한 현장에 잠시 갔다 온 거야.

연속성과 평균값 정리

모태솔로 사촌형 : 코시는 극한을 이렇게 ε-δ 방법으로 증명하고서는 다시 이것을 이용해 함수의 연속성을 설명하고 증명했어.

연속성은 오랫동안 그림으로 어렴풋하게 파악되는 개념이었어. 과거 미적분을 그림으로 그려서 설명할 때에는 쭉 이어진 선을 보면서 연속성을 이해했지. 하지만 이런 것들을 식을 써서 수학적으로 설명할 필요가 생겼어. 자, 이제 우리가 수학 I과 II에서 방정식과 함수, 그 그래프를 왔다 갔다 하며 지겹도록 봐왔던 것이 빛을 발하는 순간이 왔다.

코시는 연속성을 한마디로 말하면 함수가 '점프'하지 않는 것이라고 정의하는데 연속성을 증명하는 과정에서 중간값 정리(intermediate value theorem)와 평균값 정리(mean value theorem) 등도 발표해. 여기서는 코시의 평균값 정리를 살펴보자. 공부하다보면 보게 될 롤의 정리(rolle's theorem)도 원리는 평균값 정리와 같아.

동현이 : 그런데 미적분에서 그렇게 연속성을 중요시하는 이유가 뭐죠? 연속이 아니면 안 된다고 어디서 들은 것 같은데.

모태솔로 사촌형 : 그래, 질문 잘 했다. 수학으로 설명하기 전에 말로 풀어 보자.

물체의 운동을 분석하는 이 미적분은 시간과 밀접하게 연결되어 있는데 시간이라는 것은 절대 멈추지 않잖아? 점프하지도 않고. 그렇기 때문에 미적분을 하기 전에 시간의 흐름과 마찬가지로 연속인 함수가 필요한거야. 그리고 연속이라는 것은 그 함수의 예측이 가능하다는 의미도 가져.

여기서 "예측이 가능하다"는 것은 "정확히 예측을 했다"는 것과는 다른 말인데, 연속성이 보장되면 함수에 어떤 변화가 나타날 때 현재 우리가 알수 있는 한도 내에서 변하지, 생각지도 못하게 크게 변하지는 않게 돼서 예측이 가능하다는 의미야.

간단히 말하자면, 우식의 학교 선생님은 우식이가 매주 월요일부터 금요일까지 아침마다 학교에 나올 거라고 믿고 있어. 휴일을 뺀 정상적인 수업일에 우식이가 빠지지 않고 연속적으로 학교에 나온다고 믿고 있는 것이지. 그렇게 전제한 후에 거기에 맞춰서 학업계획도 짜고 어디까지 배울지 예측도 할 수 있는 거지. 그런데 우식이가 땡땡이를 치고 학교에 안가면 수업계획이고 뭐고 다 깨지는 거야. 선생님이 열받겠지? 함수의 연속성과 미분의 관계는 우식이가 연속으로 학교에 나오는 것이 보장되어야 공부를 하든지 말든지 할 수 있다, 이 얘기랑 같은 거야.

이렇게 간단해 보이는 실생활의 현상도 수학으로 옮기기 위해서는 칸토어 같은 천재가 고생해서 실수체계가 자연수, 유리수, 초월수 등 숫자로 꽉 채워진 상태라는 것을 증명해야만 했어. 그래야만 연속성이 보장되거든. 세상이 유리수로만 이뤄져 있어서 중간이 듬성듬성 비어 있으면 연속성이 보장이 안 되고 따라서 미적분도 적용할 수 없어.

　평균값 정리는 간단히 말하면 비행기가 6시간 동안 3000km를 날았다면 그 비행시간 중 적어도 한번은 시속 500km로 날았다는 말이야. 6시간 동안 3000km를 날았으면 평균속도가 시속 500km인데 한번은 그 속도를 거쳤다는 말이지. 예측가능하고.

　그런데 내용이 너무 당연해서 황당하지? 코시의 업적이 이렇게 너무나도 당연한 것들을 수학적으로 증명해나가면서 현대수학의 기틀을 잡았다는 점이야.

　평균값의 정리는 다음과 같아.

　　함수 $f(x)$가 닫힌 구간 $[a, b]$에서 연속이고 열린 구간 (a, b)에서 미분 가능일 때

$$f'(c) = \frac{f(b) - f(a)}{b - a}$$

　　를 만족하는 c가 열린 구간 (a, b)에 반드시 하나 이상 존재한다.

　여기서 닫힌 구간과 열린 구간은 은근히 헷갈리는데, 이렇게 외워봐.
　닫힌 구간은 꺾인 꺾쇠[ ]같이 생겼으니 닫힌 것이고, 열린 구간은 둥글둥글( )하니 열려 있어. 닫힌 구간은 닫혀 있으니 a, b가 나가지 못해

서 포함되어 있고 열린 구간은 열려 있으니 a, b가 놀러 나가서 포함 안 된다.

다시 평균값 정리로 돌아와서, 아래 그래프를 보고 다시 설명하자면, 아래의 점선의 기울기는 a, b 구간사이의 평균속도 500km를 의미하는데 a, b 구간사이에 c에서의 미분값(기울기) 500km가 꼭 존재한다는 것이고 c는 하나 이상 존재할 수 있다는 거야. 비행기가 최소한 한 시점에서는 시속 500km로 날았다는 거지.

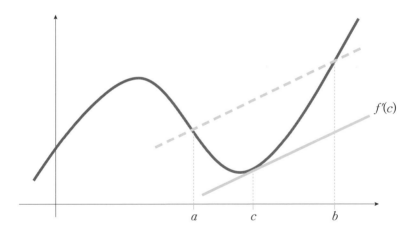

여기서 연속이 아니거나 미분가능하지 않은 함수에서는 해당되지 않는다는 점이 중요해. 비행기가 순간 이동을 하거나 갑자기 사라진다거나 하면 평균값 정리가 들어맞지 않는다는 얘기지.

미국 인터넷에서는 한때 이 평균값 정리를 통해 경찰이 과속차량을 단속하고 있다는 이야기가 있었는데 우리나라 실정에 맞춰 해석하자면 이런 거야.

어떤 사람이 하이패스를 이용해서 서울에서 나왔는데 1시간 30분 만에 전주 톨게이트를 하이패스로 통과했어. 그러고는 몇 주 후에 경찰로부터 과속통지서를 받는 거지. 교통경찰은 과속카메라를 보여주는 것이 아니라 다음과 같은 수학 식을 보내줘.

$f(t)$가 자동차의 위치를 가리키는 함수라고 하고 서울에서 하이패스가 찍혔을 때 시간은 $t=0$이고 위치도 $f(0)=0$, 그리고 서울과 전주 사이 거리는 194km이니 전주에서의 $f(1.5)=194$이야. 이제 p가 미분가능하다고 하고, $c \in (0, 1.5)$이니, 평균값 정리를 이용해서

$$\frac{f(1.5)-f(0)}{1.5-0} = \frac{194-0}{1.5} = 129\text{km}$$

이것은 곧 "서울과 전주 사이의 적어도 한 시점에서 이 자동차는 129km로 달렸다는 것이니 벌금을 내시오"라는 뜻이야. 자연현상은 대부분 연속이어서 벌금을 안 내고 버티지는 못해. 만약에 운전자가 중간에 대전휴게소에서 순간 이동을 했다거나, 군대에서 쓰는 대형헬기에 자동차까지 싣고 전주 톨게이트 앞에 내려서 갔다면 모를까 운전자가 이동한 경로의 함수는 연속이야. 그러니 과속한 것이 분명하지.

이런 식으로 과속을 단속하는 제도는 아직 우리나라나 미국에서는 시행되지 않고 있어. 하지만 스코틀랜드에서는 실제로 시행하고 있다더라. 혹시나 우리나라에서도 시행한다면 최소한 너희들은 벌금을 왜 내는지는 알면서 내겠지.

코시는 평균값 정리를 통해 다음과 같은 결과도 도출했는데 이것이 미분을 통해 최대, 최소값을 찾는 최적화 이론의 기초가 돼.

만약 $f'(x) > 0$이면 f는 증가함수다.

만약 $f'(x) < 0$이면 f는 감소함수다.

만약 $f'(x) = 0$이면 f는 상수함수다.

증명은 간단해. 우선 $a<c<b$이면, $f'(c) = \dfrac{f(b)-f(a)}{b-a}$ 를 $f(b) - f(a) = f'(c)(b-a)$로 바꾸고 다시 $f(b) = f(a) + f'(c)(b-a)$로 바꿀 수 있어. 이제 $a < b, b-a > 0$이니,

만약 $f'(c) > 0$이면 $f(b) > f(a)$

만약 $f'(c) < 0$이면 $f(b) < f(a)$

만약 $f'(c) = 0$이면 f는 $f(b) = f(a)$

또 평균값 정리는 미분뿐 아니라 적분에도 적용되고(미분의 경우 평균 $f(x)$값이 a, b 구간사이에 존재) 그에 따라 미분과 적분이 연결되어 있다는 것을 수학적으로 증명하는 "미적분의 기본정리(Fundamental Theorem of Calculus)"를 도출하는 데 큰 역할을 해.

코시 인물분석

불량 아빠 : 어려운 내용 공부하느라 수고했다. 이제 코시라는 사람에 대해서 알아보자. 코시는 수학적 능력도 뛰어났지만 멘탈이 정말 강했어. 종교적인 문제로 핍박을 받았지만 거기에 굴하지 않고 할 말은 다 했거든. 하지만 그래서 적도 많이 만들었어.

프랑스 대혁명 시기인 1789년에 태어난 코시는 가톨릭 신자이면서 프랑스 의회의 변호사이던 아버지를 뒀지만 혁명 직후 도피생활을 하는 살벌한 분위기에서 자란 데다 잘 먹지 못해서 몸이 약했다고 해. 귀족층이었다고 할 수 있는 코시의 아버지는 혁명세력들을 피해 시골로 내려가서 어렵게 살고 있었지.

학교도 없어 아버지가 코시와 형제 자매들을 직접 가르쳤어. 이때가 코시에게 가장 힘든 시기였는데, 그 후에는 아버지가 1800년 다시 의회에 자리를 잡아서 편안해졌어. 아버지는 파리의 뤽상부르 궁전에 사무실을 뒀는데 어린 코시에게 사무실 한편에 독서실을 마련해줘서 공부를 하도록 했어. 마침 근처 사무실에 에콜 폴리테크니크의 교수인 라그랑주의 연구실이 있었는데 라그랑주가 아버지와 친해서 사무실을 드나들며 어린 코시를 눈여겨봤대. 그때 이미 코시의 수학적 재능을 알아봤다고 해.

천재 소리를 듣던 코시는 1806년 에콜 폴리테크니크에 차석으로 입학했는데 학교 생활은 그다지 즐겁지 않았다고 해. 바로 종교 때문이었는데, 당시 학생들은 가톨릭을 믿던 코시를 왕따시키고 많이 괴롭혔대. 그래도 코시는 강한 정신력으로 꿋꿋이 버티면서 수학 공부에 매진했어. 졸업 후 코시는 군대의 엔지니어로 나폴레옹의 영국원정을 도왔어. 코시는 가톨릭 신자였기 때문에 당시 프랑스의 군대에서뿐 아니라 그 후 사회생활에서도 많은 불이익을 받았는데 본인의 성격도 만만치 않아서 다른 종교에 대한 편견이 심했다고 해. 과거 부르봉 왕가의 부활을 주장하는 등 종교와 정치에 대해 독선적인 성격을 보여서 대부분의 동료들이 그를 싫어했대.

코시(1789~1857)
프랑스 수학자로, 극한의 개념을 수학적으로 정의 내렸으며, 이를 바탕으로 함수의 연속성을 증명했다.

특히 신교도인 아벨(Niels Abel)이라는 수학자를 많이 괴롭혔는지 그가 쓴 편지에는 "코시는 미쳤다. 과학자라고 믿을 수 없을 만큼 종교에 대한 편견이 심하다. 그런데 수학을 제대로 아는 사람은 코시밖에 없다"라는 내용도 있었대.

또 코시의 강의를 들은 학생(Luigi Menabrea)은 그가 횡설수설하며 내용 설명도 없이 이리저리 건너뛰곤 해서 30명 정도로 시작했던 수업이 학기 말에는 자기 혼자 남았다는 기록도 남겼어. 한번은 젊은 학자(Jean Victor Poncelet)가 집까지 찾아와서 연구에 관련된 질문을 했는데 "거기에 대한 대답은 내 새 책에 있네"라고 말하고 나가버린 적도 있었대.

코시가 가톨릭 신자이고 종교에 대한 신념으로 많은 피해를 봤음에도 과거 가톨릭교에서 그토록 막으려 했던 무한의 개념을 극한으로 완벽하게 증명하고 살려냈다는 것이 재밌지 않니?

동현이 : 그러니까 역시 코시의 증명방식대로 극한이 성립하려면 결국 정수, 유리수로는 불가능하네요. 수 자체가 연속이어야 하니까. 그래서 실수를 중요시하는 거죠?

불량 아빠 : 바로 그거다. 미적분이 수의 체계와 관련이 깊은 이유가 바로 그거거든.

코시가 극한을 정의한 방식을 다시 한 번 떠올려보자. 아무리 작게 오차범위(ε)를 잡아도 그 안에 들어갈 수 있는 수(數, (δ))가 있다는 내용이 핵심이잖아? 그런데 현실적으로 그렇게 되려면 적용대상이 되는 우리가 사는 세상이 무한정으로 촘촘해야 해. 무한이어야 하니까.

수학에서는 우리가 사는 세상, 즉 시간이나 공간을 수(數)를 통해 표현하고 수는 여러 종류의 수로 구성되어 있잖아. 그런데 여러 종류의 수 중에서도 코시의 정의를 만족시키는 수는 실수밖에 없더라 이거야. 실수는 무리수와 유리수를 다 포함하고 삼각함수, 자연로그 함수 등의 초월수도 포함하는 수이기에 무한의 개념을 표현할 수 있어.

예를 들어 앞에서 본 식에서 L이 $\sqrt{2}$였다고 하면 이것은 실수에 포함되는 무리수이고 1, 1.4, 1.41, 1.414, … 등으로 무한히 나가니까 주변에 충분히 작은 수를 찾을 수 있으니 아무 문제가 없어. 그런데 우리가 극한의 정의를 적용하려는 세상이 자연수 또는 유리수만으로 이뤄져 있다면 함수가 연속적이지 않게 되고 코시의 극한 정의를 적용할 수 없게 돼.

그래서 코시를 포함한 수학자들이 함수의 연속성, 미분가능성과 관련해서 실수의 정의를 정확히 내리려고 연구를 진행했지. 그러다 보니 여러 가지 새로운 사실이 발견되고 실해석학(Real Analysis)이라는 수학의 한 분야로 발전했어.

자, 마무리하자. 유럽의 수학은 미적분이라는 것을 접하면서 다른 지역과 달리 독특한 문화를 통해 새로운 것을 발견해냈어. 사실상 그 이전까지 유럽인들이 생각해낸 것들은 거의 모두 중국, 아랍, 인도 등의 문화권에 이미 있던 것이었어. 그런데 미적분의 개념을 도입하고 발전시키면서 유럽인들이 자신들 고유의 지적인 무기를 갖게 된 거야. 그것도 아주 강력한 무기를.

단치히(Tobias Dantzig)라는 수학자는 무한의 개념을 정복하면서부터 유럽이 깨어나고 새로운 문명이 열렸다고도 표현했어. 이 말은 유럽인들이 과학에서 진실을 찾으면서 나만이 옳다는 생각이 위험할 뿐 아니라 별로 좋은 방법이 아니라는 것을 깨달았다는 이야기였어. 나만이 옳다는 생각 때문에 수십 년간 종교 전쟁을 하다보니 깨우친 것이기도 하겠지만.

유럽인들이 운이 좋았던 것도 있어. 가톨릭과 개신교가 분리되면서 강력하던 교황의 힘이 느슨해졌고 개개인의 자유로운 사고가 보장되면서 더 많은 사람이 사회에 참여하고 여러 가지 개혁과 혁신이 이뤄질 분위기가 만들어졌거든. 이미 말했다시피 교황이 여전히 강력하던 이탈리아에서는 갈릴레오나 카발리에리 같은 천재들도 맥을 못 췄어.

우리 수학 교과서를 기준으로 역사를 설명하자면, 수학 I 정도 수준의 수학은 조선, 중국, 인도, 아랍 등 당시의 모든 선진 문명권에서 알고 있었는데 가장 늦게 수학 I을 배운 유럽이 용감하게도 바로 미적분까지 진도를 나가버린 거야. 그러고는 성공해서 내실을 다지는 과정에서 수학 II까지 발전시키지. 유럽이 그러는 사이 다른 지역은 수학 I(그리고 수학 II 아주 일부)에 머물러 있었단다.

Day 27

무한(∞)
개념의
역사적 의미

불량 아빠 : 오늘로써 길다면 길다 할 수 있을 아빠표 수학특강이 끝나는 구나. 오늘은 미적분의 근간이 되고 우리가 극한으로 이해하는 이 무한의 개념이 어떻게 유럽에서 받아들여지고, 미적분을 통해 인류의 역사를 바꾸었는지 알아보자. 오늘의 이야기는 흥미진진했던 어제 끝부분의 이야기를 이어나가는 것인데, 이미 느꼈겠지만, 유럽의 역사, 유럽 수학의 역사는 가톨릭과 개신교 간의 종교갈등을 빼고는 이야기할 수 없어. 유럽인들이 무한 개념을 받아들인 것도 종교갈등이 해소되면서 사회 안정이 이뤄지며 가능해진 거야.

모순적이고 역설적인 이 무한의 개념을 수학에서 포용하고 적극적으로 이용한 것이 결국 유럽이 다른 지역을 압도하는 과학기술을 보유하게 되는 과정으로 이어졌단다. 알다시피 그리스인들은 무한을 그냥 피해버렸고 그 후 어느 문명권도 여기에 도전을 하지 않았어.[49]

무한의 개념이 모순적이라며 수학에서 제외시킨 그리스 수학, 특히 유클리드 기하학을 따르는 세력은 교황과 가톨릭을 등에 업고 세력을 과시하고 있었는데, 무한의 개념이 현실적으로 유용하니 이를 수학에 포함하여야 한다는 새로운 집단이(공교롭게도 개신교를 믿는) 나타나서 갈등이 생겼던 거야.

유럽의 종교가 보수파와 개혁파로 나눠졌다고 할 수 있겠지. 보수파는 주로 교황을 중심으로 한 가톨릭 세력이었고 개혁파는 개신교 세력이었어. 벌써 이건 수학이 아니라 정치 드라마 같은 냄새가 나지?

제논의 역설을 이야기하면서 한 번 다뤘지만, 무한소, 불가분량, 한없이 가까워지는 수, 무한히 작은 수 등으로 불리는 이것이 어떤 모순을 가지고 있는지 깔끔히 정리를 해보자.

첫째, 세상에서 가장 작은 숫자나 시간이라고 해도 무한의 특성상 그 수를 또다시 더 작게 나눌 수가 있어. 논리적으로 볼 때 가장 작은 수라는 것을 누군가 보여줘도 그것보다 1만큼 더 작은 수가 있다고 해버리면 그만 아니야? 그러니 더 이상 나눌 수 없다는 불가분량이라는 말 자체에 모순이 있지.

둘째, 우리가 보는 직선, 곡선 등의 선이 무한개의 점으로 이뤄져 있다는 논리에 따르면 그 작은 점들은 아무리 작더라도 양(+)의 값을 갖

---

49 Amir Alexander, *Infinitesimal: How a Dangerous Mathematical Theory Shaped the Modern World*.

는데 그럼 이것들을 무한히 더하면 선의 길이는 무한이 되어야 해. 그런데 선 자체는 유한한 길이를 갖고 있잖아? 말이 안 된다 이거야. 그렇다고 이 무한소가 0의 값을 갖는다고 할 수 있을까? 그럼 원래 선의 길이는 $0+0+0+\cdots=0$이니 길이가 0인가? 이것도 말이 안 돼.

마지막으로, 숫자로 표현되는 선의 길이 중에는 나눠 떨어지지 않는 길이가 있어. 예를 들어 3센티미터짜리 선과 5센티미터짜리 선이 2개 있다면 둘 다 1센티미터를 기준으로 하여 하나는 3배, 다른 하나는 5배의 길이가 된다는 것을 알 수 있어(1센티미터가 아니라 0.000001밀리미터라도 같은 원리가 적용되겠지). 그러니 예를 들어 3센티미터의 선을 만들려면 1센티미터의 선 3개를 합치면 된다는 거지. 그런데 만약에 길이가 $\sqrt{2}$가 되는 선이 나타나면 이게 안 통해. 도무지 나눠 떨어지지가 않으니까. 그러니 선이 무한개의 무한소로 이뤄져 있다는 증거가 없게 되는 거야.

이런 점들 때문에 그리스인들이 아무리 머리를 굴려봐도 안 되니 무한 관련된 것들은 그냥 포기하고 피했어. 최초로 적분과 비슷한 방식으로 도형의 넓이를 쟀던 아르키메데스도 무한소의 개념을 도형의 넓이를 대략적으로 가늠하는 도구로만 사용하고 엄밀한 증명은 제대로 못 했어. 기하학을 통해서 증명한 것이 있다고는 하는데, 과정이 너무 길고 어려웠던 데다 맞지도 않았다고 해.

이탈리아와 영국의 '무한'도전

불량 아빠 : 사실 위의 세 가지 모순적인 내용만 봐도 무한이라는 것이 수학자들의 골치를 얼마나 썩였는지 알 수 있겠지. 우리가 극한이란 걸 배

〈종교재판을 받는 갈릴레오〉(크리스티아노 반티, 1857)

"태양이 세계의 중심이고 움직이지 않으며 지구는 세계의 중심이 아니고 움직인다는 거짓 의견을 완전히 버릴 것이며, (⋯) 앞으로는 이단의 의혹을 받을 수 있는 그 어떤 것도 절대 말이나 글로 주장하지 않을 것을 맹세합니다."

지구가 태양 주변을 돈다는 지동설을 주장하여 로마 교황청의 눈 밖에 난 갈릴레오(1564~1642)는 1633년 종교재판에 회부되어 이렇게 맹세해야 했다. 당시 로마 교황청은 신이 만든 질서를 무너뜨린다는 이유로 지동설을 인정하지 않았으며 갈릴레오에게 자신의 주장을 철회할 것을 명령했다.

위서 논리적인 해결책을 찾았기 때문에 쉬워 보이지, 그 이전 사람들이 보기에 이 무한이란 건 도무지 말이 안 되고 모순적이어서 악마가 건넨 선물과도 같았어.

그런데 르네상스 이후 당시 저명하다는 수학자들이 갑자기 오랫동안 잊혀졌던 무한소의 개념을 가져와서 사용하기 시작한 거야. 그 주인공은 갈릴레오와 케플러였어.

갈릴레오가 지구가 태양 주변을 돈다는 지동설(地動說)을 주장하다가 종교재판에 회부되어 지동설을 포기하라는 명령을 받은 것은 알고 있지? 거의 죽을 뻔했던 갈릴레오가 교황청이 싫어하지 않을 만한 것을 찾아서 연구하다가 찾은 것이 공교롭게도 무한소였어.

그런데 교황청은 이것도 못 하게 했지. 갈릴레오 입장에선 교황청은 자기가 뭐 좀 하려고만 하면 모두 반대하는 전생의 원수 같은 존재였어. 그렇다고 별 수 있나, 갈릴레오는 그냥 조용히 있었지. 친구이자 라이벌이었던 케플러 역시 적분을 중심으로 연구는 했지만 거의 취미생활 수준이어서 획기적인 발표를 하거나 하진 않았어.

교황의 측근인 예수회 출신 학자들이 무한이란 것은 없다고 반대를 한 이유는 단 하나였어. 세상은 유클리드 기하학처럼 신이 만든 질서에 의해서 교황, 왕, 성직자 등으로 계급이 나눠지고 각 계급에 맞도록 사회가 돌아가야 하는데 거기에 포함되어 있지 않은 이 모순된 개념의 무한은 세상의 질서를 어지럽히는 이단 또는 악(惡)이라 보았지.

이탈리아에서는 갈릴레오가 조용해진 이후 무한 개념은 거의 사라지고 교황 중심의 가톨릭이 완전히 권력을 잡고 있었어.

한편, 조금 시간이 흐른 뒤였지만 영국에서는 다른 일이 벌어지지.

무한의 개념을 포함하는 새로운 수학을 옹호한 세력들은 주로 개신교도들이 많았는데 이들은 세상이 그 옛날 그리스 시대에 만들어진 수학에 의해 움직이는 것이 아니고 자연현상의 구조와 질서가 미리 정해져 있는 것도 아니라는 생각을 가지고 있었어.

과학자는 현실에서 얻은 정보를 통해 실험하고 실험결과를 통해 현실을 가장 잘 설명할 수 있는 이론을 택해야 한다고 주장한 거야. 이런 주장은 당시 유럽 사회 전반에 영향을 미쳤는데 특히 교황을 중심으로 유지된 오래된 정치체제가 진리가 아니며 새로운 제도를 도입할 수 있다는 생각으로 이어졌지. 가톨릭의 교황 입장에선 신과 정부의 권위에 도전하는 반역적인 사고방식이었지.

이렇게 수학과 관련해서 서로 반대되는 세력이 유럽에서 부딪히는 일이 두 번 있었는데, 처음 일어난 곳은 바로 피보나치, 카르다노, 토리첼리, 갈릴레오, 카발리에리 등 기라성 같은 수학자들을 배출한 이탈리아였어.

그런데 이때의 움직임은 실패로 끝났어. 아직은 데카르트의 평면좌표도 없었고 수학이 대중화되지 못해서 소수의 교황 쪽 수학자들의 힘이 막강했거든. 사실 르네상스 시기 이탈리아 부흥의 원동력이었던 도시국가들도 교황의 힘에 눌려 꼼짝 못 하면서 다양한 의견이나 주장을 하지 못했어.

그렇게 당시 유럽에서 가장 수학이 발달했었고 발전의 기회도 일찍 찾아왔던 이탈리아는 결국 쇠락의 길을 걷게 돼. 갈릴레오가 죽은 후에 이렇다 할 수학자도 나오지 않고 그 후 폭발적으로 발전하는 영국, 독일, 프랑스에 비해 한 단계 떨어지는 2류 국가에 머물러. 그래도 그동안 쌓아놓은 것이 있어서 아주 바닥은 아니었지만.

아무튼 이탈리아 출신으로 유일하게 유명했던 라그랑주조차도 공부하기 편한 프랑스 국적을 선택해버렸어. 게다가 프랑스에 공부하러 온 이탈리아 출신 수학자들을 일부러 더 무시하기까지 했다더군.

결국 이탈리아에서 실패한 개혁세력이 다시 등장한 나라는 바로 영국이야. 아직 뉴턴이 두각을 나타내기 전의 이야기인데 여기서 주인공은 홉스(Thomas Hobbes)와 월리스(John Wallis)야. 홉스는 논리적 증명을 중시한 그리스 기하학을 신봉했던 반면에 월리스는 현실을 중시한 수학을 선호했고 또 무한 개념을 적극적으로 이용했어. 우리가 쓰는 무한을 나타내는 기호(∞)도 월리스가 만든 거야.

결론부터 말하자면 월리스의 승리로 끝나서 영국의 뉴턴이 미적분을 발명하게 되고 영국은 강대국으로 올라서게 돼. 영국에서는 점차 자유로운 사고와 토론, 논쟁이 활발해지고 기술혁신, 정치개혁이 이뤄지는데 이 모든 것이 사람들이 종교(당시엔 종교가 곧 정치라고 할 수 있었지)에 얽매이지 않고 현실에 집중할 수 있게 된 덕분이야.

청교도혁명, 명예혁명 등 종교 때문에 피터지게 싸워봤더니 남는 것도 없더라는 걸 영국인들이 제일 먼저 깨달은 거지.

그 결과 지금 기준에는 많이 못 미치지만 최소한의 종교자유는 보장이 되었고 이렇게 종교문제에 대해 정리를 하고 나니 과학과 학문, 경제가 마구마구 발전하기 시작했어. 영국 왕립학회(Royal Society)는 유럽을 대표하는 학문기관이

월리스(1616~1703)
뉴턴이 미적분을 발견할 수 있도록 토대를 마련한 영국의 수학자, 물리학자로 무한 기호(∞)를 처음 사용했다. 영국 왕립학회를 세계적인 기관으로 만드는 데 큰 역할을 했다. 수학의 엄밀한 증명보다는 실용성과 문제해결능력을 중시함으로써 수학의 금기를 깬 인물이다.

되었고 민간에서는 과학기술을 바탕으로 한 상업과 무역이 급격히 성장해 결국 산업혁명에까지 이르러.

영국에서는 이런 시대적 흐름을 타고 수학에서 무한의 개념을 적극적으로 사용하여 현실적인 문제를 해결하기 시작했어. 영국 사회 및 학계 전반에서 새로운 것을 시도하고 도전해보려는 분위기가 있었거든. 국운이 상승하고 있었던 거지. 물론 이것이 쉽게 아무런 갈등 없이 이뤄진 것은 아니야. 사회 각 분야에서 갈등이 있었는데, 수학분야에서는 홉스와 월리스로 대표되는 세력들이 한바탕 진흙탕 싸움을 벌인 후에야 결론이 나게 돼.

이제 그 싸움의 주인공 중 한 명인 토머스 홉스를 만나보자.

토머스 홉스

모태솔로 사촌형 : 오! 내가 존경하는 토머스 홉스구나. 우선 홉스는 영국이 자랑하는 세계적인 정치철학자야. 철학의 깊이뿐 아니라 글을 잘 쓰는 뛰어난 문장가로도 유명해서 다들 한 번씩은 들어봤을 거야.

홉스는 1588년에 태어났는데 온화한 성격이었지만 경계심이 많았다고 해. 당시 드물게 180센티미터가 넘는 장신이었음에도. 학문적으로는 자신이 믿는 것을 밝히기 위해 무모하기까지 했던 것에 반해 사생활에서는 자신이 어두운 곳, 강도, 죽음 등을 두려워한다고 친구에게 털어놓을 정도로 겁쟁이였대. 그래도 친구들에게는 다정다감한 성격이었다고 하더군. 홉스의 아버지는 목사였는데 술, 도박을 좋아했고 누군가와 술먹다 싸우고 도망쳐서는 다시 나타나지 않았다고 해.

홉스는 옥스포드 대학에서 학사학위를 받았는데 석사학위는 받지 않았어(당시는 석사학위가 지금의 박사학위라고 할 수 있어).

졸업 후 바로 영국의 귀족, 정복왕 윌리엄의 후손인 캐번디시(Cavendish) 가문의 과외선생으로 취직을 해. 당시엔 일류대학을 졸업한 영국 엘리트들은 이런 식으로 취직을 했는데 단순한 과외선생이 아니라 귀족 자제들을 가르치는 동시에 이들의 자문역할도 하는 일이었어. 홉스

홉스(1588~1679)
정치철학자 홉스는 '무한'을 둘러싸고 수학자 월리스와 20여 년간 뜨거운 논쟁을 벌였다. 홉스의 눈에 무한 개념은 절대적인 진리와 거리가 멀어 보였기에 그는 무한 개념을 끝까지 인정하지 않았다.

는 캐번디시 가문 덕택에 유럽 대륙으로 가서 갈릴레오, 메르센, 데카르트, 페르마 등 학자들과 교류를 하고 견문을 넓히는 기회를 얻어.

데카르트와는 처음엔 서로 토론도 하곤 했는데 나중에는 결국 사이가 틀어졌어. 참고로 데카르트는 무한의 개념에 대해 처음에는 관심을 가졌지만 그 후 무한을 전혀 언급하지 않아 무한 개념에 반대했던 것으로 추정하고 있어.

1640년 의회와 왕이 충돌한 영국혁명이 일어나면서 캐번디시 가문과 홉스는 프랑스로 도피를 하는데 여기서 홉스는 자신의 정치철학을 세우게 돼. 영국혁명과 내전은 원래 겁이 많은 홉스의 정치철학에 큰 영향을 미치는데 인간의 본성이 이기적이고 끝없이 권력을 추구하기 때문에 가만 놔두면 짐승들처럼 서로 물어뜯고 싸우니(만인에 대한 만인의 투쟁이란 말 들어봤지?) 모든 힘을 가진 절대적이고 강력한 정부(국가 공동체라고도 불려)가 시민들을 규제해야 한다는 것이 핵심내용이야.

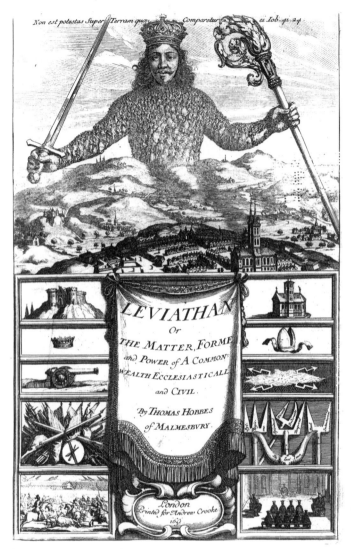

『리바이어던』(1651)에 실린 삽화

홉스는 『리바이어던』에서 인간의 자연상태를 "만인에 대한 만인의 투쟁"이라고 묘사했다. 이러한 무질서 상태를 벗어나기 위해 개인들이 절대적이고 강력한 정부와 계약을 맺어야 한다는 것이 홉스의 사회계약론 내용이다. 사회를 보는 이러한 시선은 홉스가 절대적이고 불변하는 진리를 중요시한 유클리드 기하학을 신봉한 것과 맞닿아 있다.

우식이 : 우린 지금 수학의 역사를 배우러 왔는데, 이건 웬 사회탐구?

모태솔로 사촌형 : 다 연결되는 거니까 들어봐. 말 끊지 말고.

홉스는 이성을 가진 인간이 이런 문제를 해결하기 위해서는 자신의 자유를 억압하더라도 모든 권한을 정부에 줄 필요가 있다고 했어. 홉스가 말한 정부는 교회보다도 위에 있고 전지전능하고 반박할 수 없는 능력을 가지고 있는 그런 상상 속의 정부였어. 빅브라더 같은.

이런 정치철학적 결론을 내기 위해 홉스는 유클리드 기하학의 연역방식을 사용해서 우선 의심할 여지가 없는 자명한 사실을 먼저 나열한 후 거기서 결론을 내리는 방식을 택했어. 그리고 그 내용을 차례차례 책으로 펴냈어.

인간의 본성을 연구한 『인간론 De homine』, 시민의 특징을 연구한 『시민론 De cive』, 사물에 대해 연구한 『물체론 De corpore』 등이 그것인데, 원하는 결론을 내리기 위한 사실들을 책으로 하나씩 발표한 거야. 그 결론은 바로 인간, 시민, 사물의 특성으로 인해 신은 아니지만 신과 같은 독재정부가 필요하다는 것이었지. '리바이던(Leviathan)'이라고 직접 그 독재정부의 이름도 지었어. 홉스가 쓴 책의 이름도 『리바이어던』이야. '리바이어던'은 성서에 나오는 신이 오만한 인간들에게 보여주기 위해 만든 괴물 이름이기도 하지.

당시 많은 사람들이 홉스의 결론에 동의하지 않았지만 그들도 홉스의 논리적인 전개방식과 문장력에는 모두 감탄했어. 독재를 옹호하니까 요즘 우리들에겐 바로 거부감이 들 텐데 당시에는 대부분의 나라가 왕이 독재하는 방식이었고 자유라는 개념도 없던 시대라는 걸 생각해두고 평가

해야 해.

이 당시만 해도 인간이라는 것이 어느 씨족의 구성원, 누군가의 노예, 누군가의 자식, 이런 식으로만 존재했지 지금처럼 독립되고, 자유롭고, 주체적인 개인이라는 개념 자체가 없었어. 이런 존재하지도 않던 개인주의라는 개념을 등장시켜서 정부와 계약관계를 맺는다는 사고 자체가 홉스의 혁신적인 업적이었지. 이를 토대로 로크(John Locke), 몽테스키외(Baron de La Brède et de Montesquieu)가 현대 민주주의의 체계를 완성하거든.

정치학자들은 홉스가 마키아벨리가 제시한 현실적인 문제들을 현대 정치학의 개념으로 승화시켜 그 해결책으로 근대국가의 모델을 탄생시킨 현대 정치철학의 아버지라고 부르고 있어.

어쨌든 인간의 서로에 대한 불신과 공포를 해결하기 위해 홉스가 내놓은 대책이 리바이어던이었는데 당시 반대자들은 홉스가 신에 도전한다고 비판하기도 했어. 하지만 더 큰 문제는 홉스가 유클리드 기하학을 너무 신봉한 것이었지. 그의 책인 『물체론』에서 기하학에 대해 언급한 것이 월리스의 눈에 들어왔고 월리스가 거기에 비판하면서 홉스가 죽기 직전까지 23년간의 전쟁이 시작된 거야.

우식이 : 아니, 수학만 머리 아픈 줄 알았더니, 정치, 인간세상도 마찬가지구만.

불량 아빠 : 기억해둘 것은 홉스는 미적분의 근본이 되는 무한의 개념에 대해 반대했다는 점이야. 홉스 자신이 원하는 이 세상은 모든 논리가 맞아떨어지는 그리스의 유클리드 기하학과 같은 완벽한 시스템이어야 하는데

모순이 존재하는 무한 같은 것은 그에게 있으면 안 되는 것이었어.

존 월리스와 영국 왕립학회, 그리고 새로운 수학

모태솔로 사촌형 : 이젠 월리스에 대해 알아보고 나서 이 둘이 어떻게 지저분하게 싸웠는지 보자.

월리스는 1616년에 태어났어. 홉스와는 28년 나이차이가 있지. 홉스와 마찬가지로 월리스도 어렸을 때부터 수학교육을 받지는 못해. 이들이 교육을 받을 기회가 없었던 것은 그 당시 영국에도 사농공상 비슷하게 계급을 나누던 분위기가 있어서 수학은 상업을 하는 사람들 또는 배를 타는 선원들이나 배우는 기술 정도로 취급되었기 때문이야. 귀족층은 배우지 않았다 이거지. 월리스가 수학을 처음 접한 것은 무역회사에서 일하던 친동생의 상업용 부기(회계)책을 통해서였어. 홉스도 나이 들어 40세에 수학을 처음 접했다지만 홉스가 프랑스에서 상류층들과의 토론과 대화를 목적으로 배웠다면 월리스는 현실적으로 쓰이는 수학을 먼저 배운 거야. 이 차이가 나중에 둘 간의 갈등을 만드는 데 핵심적인 역할을 해. 월리스는 수학을 특정한 목표를 달성하는 도구로 봤던 반면 홉스는 정치사상의 근간이 되는 거창한 것으로 봤지.

월리스는 1632년 케임브리지 대학에 입학해서 1637년, 1640년에 학사와 석사 학위를 받아. 원래 전공은 아리스토텔레스의 스콜라 철학이었어. 교수직을 제안받았지만 정치에 더 관심이 많아서 의회파 정치인들의 연구 자문역할을 해. 당시 영국 정치는 왕정복귀를 주장하는 왕당파와 의회의 권력장악을 추구하는 크롬웰(Oliver Cromwell)의 의회파로 나뉘어져서 치열하게 싸우고 있었어. 월리스는 이때 왕당파 스파이의 암호를 해독해서 천재란 소리를 들으며 정치인들의 관심을 받게 돼.

결국 1649년에는 옥스포드에서 기하학 교수자리를 잡게 되는데 기하학을 전공하지 않았던 월리스가 교수가 된 것은 정치적인 이유였어. 원래 피터 터너라는 교수가 있었지만 의회파는 대학들에도 영향을 미쳐 왕당파들을 내쫓았거든. 전공이 기하학이 아니었지만 기본적으로 수학과 관련한 논리를 갖추고 있었고 또 워낙 아는 사람이 많고 인기가 좋아서 바로 강의도 하고 학술교류도 할 정도의 실력을 길렀다고 해. 1655년부터는 자신의 이름으로 수학책들도 펴내기 시작했어.

그런데 월리스가 교수가 된 것보다는 1645년 영국 왕립학회 회원으로 가입한 것이 월리스 개인뿐만 아니라 수학사에도 큰 영향을 미쳤어. 영국 왕립학회는 공식적으로는 1662년 찰스 2세에 의해 지금의 이름을 얻는데 뉴턴, 보일(Robert Boyle) 등에서부터 다윈, 아인슈타인, 그리고 현재 스티븐 호킹까지 중요한 과학자들은 모두 회원으로 활동했던 단체야.

월리스가 가입한 당시는 이름도 없던 초라했던 초창기였는데 원래는 학자들이 어지럽던 정치적인 영향에서 벗어나서 자유롭게 토론하려는 목적으로 만들어졌어. 외부인들의 간섭 없이 자신들끼리는 개방적이고 솔직한 대화를 하고 싶었던 거야.

영국 왕립학회가 추구한 것은 경험론적인 지식추구 방식(경험적 귀납법)이었어. 거창해 보이는데 쉽게 말하면 가만히 앉아서 펜대만 굴리지 말고 직접 실험해보고 그 결과로 얘기하자는 주의였어. 자기 자신의 신념을 믿지 말고 과학적 진리에 대한 확신이 설 때까지 끊임없이 노력하고 실험해보고, 또 다른 사람 말도 객관적으로 검토하며 겸손한 자세를 유지

『왕립학회의 역사』(1667)에 실린 삽화

현존하는 학술단체 중 가장 오래된 학회인 영국 왕립학회. 1645년 과학자 몇몇의 비공식 모임에서 시작되어 1662년 국왕 찰스 2세의 특허장을 받고 '왕립학회'라는 이름을 얻었다. 정식명칭은 '자연과학 진흥을 위한 런던 왕립학회'이다. 그림은 찰스 2세의 흉상에 월계관을 씌우는 모습으로, 흉상의 오른쪽은 프랜시스 베이컨, 왼쪽은 초대회장 윌리엄 브롱커 경(Lord Viscount Brouncker)이다. 이들 주변에 각종 실험도구가 보인다. 왕립학회 회원들은 실험과 경험을 중시한 새로운 방법으로 과학 연구를 했다. 회원 학자들은 자신이 수행한 과학 실험을 다른 회원들 앞에서 시연하고 함께 토론하였으며 그 결과를 출판하여 대중에게 알리는 것을 중요하게 여겼다.

하자는 것이었지.

이것은 홉스나 데카르트가 추구하던 명철한 두뇌를 이용해 번거롭게 실험 같은 것은 하지 않고도 절대불변의 진리를 찾아내고자 하는 과학적 방식과는 차이가 있었어. 그동안 그리스에서 시작한 수학적인 방법도 사실 실험을 배제한, 이런 귀족적인 방식이었지.

원래 영국 왕립학회의 실험 중심 철학을 세운 사람은 베이컨(Francis Bacon)이었어. 베이컨은 수학을 그다지 중시하지 않았는데, 베이컨의 후배들, 특히 월리스와 보일 등이 수학도 실험 중심 철학이 필요하다고 주장하고 나선 것이지. 이미 수학을 통해 천문학 등의 분야에서 새로운 연구성과가 나타나고 있었거든.

하지만 수학에는 한 가지 문제점이 있었어. 바로 그리스 기하학에서 비롯된 수학이 절대적이고 의심의 여지가 없는 사실을 중요시하는 것과 월리스 등이 주장하는 실험적인 방식하고 궁합이 잘 안 맞는 거야. 서로 반대였으니.

당시에는 영국 왕립학회 창립멤버 중 월리스만이 유일한 수학자였는데, 월리스는 수학을 영국 왕립학회의 철학에 맞도록 해야 할 의무가 자신에게 지워졌다고 생각하며 여기에 맞춰 실제로 새로운 수학을 만들어 냈어.

실험과 경험을 통해 진리를 추구하는 실증주의 수학을 도입한 거지. 베이컨이 주장한 연구방식을 수학에 도입해 여러 관찰자들이 연구결과를 현실에 비추어보고 시간이 지나면서 누적된 사실을 수학적 진리로 보는 새로운 수학을 소개한 거야. 간단하게 말하면 무한을 인정하고 $0.999\cdots=1$로 보자고 주장한 거야. 어떻든 간에 화살은 쏘면 날아간다 이 얘기지.

월리스가 주장하던 새로운 수학의 성격상 무한의 개념을 적극적으로 도입할 수밖에 없었어. 무한은 그 개념이 모순적일지라도 현실적으로 존재하고 현실의 문제를 해결하는 데 직접 도움을 줬으니까. 무한 기호(∞)를 만든 것도 월리스였으니 엄청 무한을 사용했겠지. 예를 들면 이미 봤던 이런 것들을 수학적 실험을 통해 알아냈어.

$$\frac{\pi}{2} = \frac{2}{1} \times \frac{2}{3} \times \frac{4}{3} \times \frac{4}{5} \times \frac{6}{5} \times \frac{6}{7} \times \cdots$$

월리스가 관심을 가진 것 중에는 "squaring the circle"이라고 불리는 문제도 있었는데, 원과 같은 넓이의 사각형을 만들어낼 수 있느냐는 것으로 유클리드 기하학으로는 풀지 못했던 문제야. 월리스가 문제에 접근하는 방식은 이랬어.[50]

우선 원과 사각형의 넓이의 비율을 보기 위해서 다음과 같은 그림을 그려.

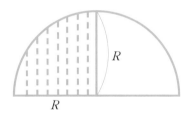

그러고는 원의 반지름을 R이라고 하고 원을 $\frac{1}{4}$로 나눈 면적을 만들어. 그리고 R로 이뤄진 정사각형의 넓이와 비교해보는 거지. 원 가운데의 가장 긴 선이 R이고 원을 따라서 그보다 조금씩 작아지는 실선들이 r_1, r_2, r_3, r_4, $\cdots$이라고 할 때 다음과 같은 식을 만들었어.

50   Amir Alexander, *Infinitesimal*, 268쪽.

$$\frac{\sqrt{R^2-0^2}+\sqrt{R^2-1^2}+\sqrt{R^2-2^2}+\sqrt{R^2-3^2}+\cdots+\sqrt{R^2-R^2}}{R+R+R+R+\cdots+R}$$

원을 $\frac{1}{4}$로 나눈 면적을 무한개의 작아지는 선들($r_1, r_2, r_3, r_4, \cdots$)의 합이라 하고 사각형의 면적은 무한개의 R의 합이라고 보고 각각의 넓이를 비교하고자 한 것인데, 우리가 봤던 적분과도 같은 방식이지.

월리스는 이렇게 무한급수를 계산하는 방법이 영국 왕립학회가 추구하는 경험론적 방법이라고 주장했는데 같은 식에 다른 수를 대입해서 계속 시행수를 늘려나가다 보면 결국 이 식이 어떤 한 수에 수렴하는 것을 밝혀낼 수 있다는 말이지. 월리스는 이런 식으로 많은 무한급수에 관한 정리를 발견해냈어. 특히 카발리에리의 방식으로 각종 도형의 넓이를 구하는 방법을 발표했는데 월리스의 증명방식은 아주 간단하게 "여러 차례 시행해본 결과 이렇게 답이 나왔다"라는 식이었어.

당연히 다른 수학자들이 비판을 했지. 특히 페르마가 대표적이었는데, 역시 사람 좋은 페르마답게 "그런 식으로 증명을 하면 수학을 처음 배우는 사람들은 이해하기 어렵다"라고 돌려서 말했다고 해.

월리스는 이런 비판에 개의치 않고 자신이 만들어낸 새로운 수학을 영국 왕립학회 회원들에게 선보였고 왕립학회 회원들은 새로운 이론을 환영했어. 이들 입장에서는 왕립학회의 신조인 경험적 귀납법과 상충되던 기존 수학방식의 문제를 월리스가 해결한 셈이니까. 참고로 수학의 역사에 관한 책을 최초로 쓴 수학자는 월리스라고 전해지고 있어. 또 자신의 철학과 맞게 음수도 적극적으로 이용하고 설명하려 하는 등, 이런 기록들을 봐도 월리스는 기존의 수학자들과 달리 수학에 대해 보다 현실적인 접근을 하고 있었던 듯해.

홉스와 월리스, 드디어 붙었다

불량 아빠 : 자, 사촌형에게 들은 홉스와 월리스를 보면 개인적인 성격은 모르겠지만 수학에 관해서는 극과 극이었지?

이 두 사람 모두 유명인이고 영국 학계 바닥이 좁으니 둘은 언제 부딪힐지 모를 상황이었는데 결국 1655년 일이 벌어졌어. 홉스가 쓴 『물체론』에는 원과 같은 면적의 사각형을 구하는 방법(squaring the circle)이 실려 있었는데 이걸 보자마자 월리스가 당연히 틀렸다고 비판을 하고 나섰지.

그 전부터 홉스는 철학과 기하학을 같은 것이라고 보고 철학에 대한 논쟁을 할 때도 상대방에 대해 "당신이 기하학을 잘 몰라서 그런 오류를 범하는 것이오"라고 말하곤 했는데 월리스와 왕립학회 회원들은 기하학을 제대로 배우지 못한 아마추어인 홉스가 아는 척을 해서 일반인들을 혼동시키고 있다고 벼르고 있었어.

홉스가 유럽 내에서 유명한 철학자인 건 사실이지만 기하학은 자신이 독학으로 배운 것이고 직책도 캐번디시 가문의 과외선생일 뿐 대학의 교수도 아니었거든. 교수들 입장에서는 조금 아니꼬왔겠지. 실제로 홉스가 기하학을 정식으로 배우지 못해서 그가 쓴 책에는 헛점이 많았고 이것들을 월리스가 공격하는 건 아주 쉬웠어. 월리스도 늦게 기하학을 공부하긴 했지만 학계에서 잔뼈가 굵어서 수학에 관해서는 홉스보다는 한수 위였어. 어떤 역사가들은 홉스가 독학을 하지 않고 정통으로 기하학을 배웠다면 역사가 달라질 수도 있었다고 말하기도 해.

월리스는 그 뒤로 홉스가 기하학과 관련된 발표를 할 때마다 반박을 했어. 사실 홉스는 이길 수 없는 싸움을 하고 있었어. 그는 유클리드 기하학의 방법인 자와 컴퍼스만을 이용해서 원과 같은 면적의 사각형을 만들 수 있다고 했는데 이건 원래 3대 작도불능문제 중 하나였거든. 안 되는 이유를 간단히 설명하자면, 원의 면적계산에 필요한 π는 대수적으로 구할 수 없는 초월수이기 때문에 자와 컴퍼스로 그릴 수가 없어.

한편, 월리스의 비판에 홉스 역시 지지 않고 가르치려는 투로 반박을 해서 월리스의 화를 돋웠지.

두 사람 사이는 점점 악화돼서 한번은 홉스가 발표를 하기 전 인쇄를 준비하던 원고를 월리스가 몰래 빼돌려서 읽고는 헛점을 비판하기도 하는 등 점점 두 사람의 수준이 낮아지고 있었어. 또 한번은 월리스가 홉스가 이미 실패를 인정했던 증명방법을 다시 거론하자, 이에 대해 홉스가 영국이 자랑하는 문장가답게 유려한 문장으로 이렇게 답했어. "내가 싼 똥을 똥풍뎅이(Dung Beetle)마냥 아직도 가지고 놀고 있구나"라고. 뭐 이쯤이면 둘 다 막장이었지. 결과야 어떻게 되었든 간에 이 둘은 자신들의 신분과는 전혀 어울리지 않게 서로를 쓰레기라고 부르면서 시정잡배들처럼 싸우고 물어뜯고 있었어. 물론 옆에서 구경하는 사람들에겐 아주 흥미진진했겠지만.

홉스가 이토록 유클리드 기하학에 목숨을 건 이유는 이미 말했듯이 홉스가 주장하는 정치의 모습이 의심할 여지없는 신과 같은 권한을 가진 정부, 즉 논리적이고 절대적인 진리를 가진 존재에 의지하는 것이고 세계는 그 불변하는 진리 속에 질서가 유지되는, 유클리드 기하학으로 설명될 수 있는 세계여야만 했기 때문이야.

문제는 이게 원래 피타고라스가 2천 년 전에도 했던 실수였다는 점이지. 피타고라스는 세상의 모든 사물과 질서를 정수와 유리수로 나타낼 수 있다고 했지만 곧 무리수가 발견되는 바람에 이론 자체가 붕괴된 바 있어. 거의 같은 내용을 홉스가 다시 끄집어내서는 또다시 무리수인 파이(π)로 인해서 망신만 당하고 만 거야.

피타고라스와 홉스 모두 우리 주변의 수(數)에 대한 인간의 이해능력을 과대평가했기 때문에 이렇게 된 거야. 우리는 이미 인간의 능력으로 알 수 있는 수는 극히 일부분이고 더 많은 초월수, 무리수 등이 존재한다는 걸 배웠잖아. 하디(G. H. Hardy)라는 수학자가 "수학의 진리가 명확하고 보편적인 이유는 바로 수학이 현실과 연관이 없다는 사실 때문이다"라고 주장했듯이 수학이란 것이 그 결과는 우리 현실과 깊이 연관이 있지만 그것의 심오한 원리를 찾아가다보면 현실과는 점점 멀어지는 성향을 보여. 우리가 이미 아는 음수나 허수도, 미적분도 그런 맥락에서 봐야 해.

결국 여러 차례 월리스에 의해 논파당한 홉스는 점차 수학계에서는 잊혀진 존재가 되었고(정치학에서는 여전히 슈퍼스타 중 한 명이지만) 영국뿐 아니라 유럽 전역에서 월리스식의 실용주의적 수학이 유행했어.

별것 아닌 것 같지만 이 사건을 계기로 수학자들이 적극적으로 무한의 개념을 받아들여 연구실적을 쌓아갔고 결국에는 뉴턴이 미적분을 발명할 수 있는 모든 여건이 만들어졌어.

역사를 얘기할 때 '만약에'를 쓰면 안 된다지만, 뉴턴의 미적분은 월리스의 책을 보며 무한급수에 대해 연구하다가 나온 것이니 만약에 홉스가 이겨서 월리스의 연구들이 설득력을 못 얻었다면 뉴턴의 미적분이 나오기도 쉽지 않았을 거야. 홉스와 월리스의 대결은 월리스라는 개인의 승리라기보다는 기존의 절대적인 진리에 대한 의심도 못 하게 하는 낡은 정치나 사회에 대한 도전이자 승리였던 거야.

월리스 이후 영국을 중심으로 유럽에서는 모든 것을 의심해보고, 상대방의 입장에서 보고, 서로 다른 결과들을 조율하는 보다 겸허한 과학적 접근방법이 나타났어. 현대적인 의미의 과학적이고 현실적인 접근방법이 나타난 거지. 이렇게 약간 유치하기까지 했던 과정을 거치면서 영국은 강대국으로 발돋움할 준비를 차근차근 하게 되었고 결국 변방의 섬나라에서 해가 지지 않는 제국으로 성장했어. 미적분 그 자체도 훌륭한 도구였지만 거기에 포함된 철학이나 사고방식은 세계의 역사를 바꿀 정도로 강력했단다.

이번 특강을 시작하며 했던 말 기억하니? "수학은 계산도구이기 전에 생각의 도구이자 인류의 문화유산이다." 어때? 이 말에 동의하니? 동의한다면 이제 하산하도록 하여랏!

Day ∞

이렇게
고등학교 수학의
스토리는 이어진다

불량 아빠 : 드디어 우리가 지난 한 달간 공부한 내용들을 정리할 시간이
왔구나. 수학 역시 지금 교과서에 들어오기까지 파란만장한 역사를 거쳐
왔다. 장래 소설가가 꿈인 우식이도 작품 아이디어를 얻을 수 있을 만큼
말도 많고 탈도 많았던 것이 바로 우리가 앞으로 배워야 할 고등학교 수
학이다. 자, 시작해보자.

　고등학교 수학은 중학교 때 배웠던 내용 중 특히 대수학을 보다 깊이
들여다보면서 시작하는데 대수학이 고등학교 수학을 배우는 데 필요한
기본기를 제공해줘.

　원래 그리스에서 시작된 대수학은 아랍을 거쳐 유럽으로 들어오는데
르네상스를 거친 유럽인들이 점차 체계적으로 발전시켜나가. 르네상스

이전에도 이미 이탈리아의 피보나치 등을 통해 대수학이 유럽에 전파되기는 했지만 인쇄술이 발달하지 못해서 비에트가 등장하는 16세기에야 유럽에 본격적으로 대수학이 번창하게 돼.

당시 대수학은 주로 2차 방정식의 해법 등을 많이 다뤘는데 실생활과 관련 있는, 면적이나 부피를 재는 것과 관련이 많았어. 이때 발전의 중심은 아랍과 무역을 많이 하던 이탈리아였는데 카르다노, 타르탈리아 등 그곳 사람들은 3차 방정식 같은 고차 방정식의 해법을 가지고 내기를 하기도 하고 사기도 치고 하면서 그렇게 수학을 발전시켰어. 그러면서 허수, 음수의 개념에도 눈을 뜨기 시작하지.

이런 발전을 토대로 프랑스의 데카르트와 페르마가 평면좌표를 발명하면서 그동안 서로 다른 것으로 보였던 대수학과 기하학이 연결되어버려. 이제 기하학의 그림들을 모두 수식으로 표현할 수 있는 능력을 우리 인간들이 얻게 되었지. 물론 이런 능력이 갑자기 하늘에서 뚝 떨어진 것은 아니야. 그 이전에 갈릴레오, 케플러 등이 2차 곡선을 통해 대수학을 현실과 연결시키려는 노력을 하고 기반을 다져놨기 때문에 가능한 것이었어.

이상 수학 I 내용 끝! 이때가 대략 17세기 정도였어. 가만히 보면 처음 땅의 넓이나 물건의 부피 등 고정되어 있던 것을 측정해보려는 시도에서 시작해서 데카르트의 평면좌표를 통해 움직이는 것의 위치를 측정해보려는 수준까지 올라온 거야. 그리고 2차 방정식이 점점 더 중요해졌어.

데카르트의 평면좌표를 통해 갈릴레오 시절부터 수학자들이 관심을 갖던 움직이는 물체에 대한 연구가 힘을 얻게 됐어. 좌표에 나타낼 수 있고 수식으로도 쓸 수 있으니 연구하기 매우 편해졌지. 그래서 페르마, 데카르트, 배로 등이 미적분에 관한 연구결과를 발표하기 시작했어. 하지만 이런 연구결과들의 체계를 잡고 여러 관련기법들을 정리한 것은 뉴턴과 라이프니츠였지. 특히 라이프니츠는 미적분의 기호뿐 아니라 방법까지 효율적으로 정리해서 우리는 라이프니츠의 기호와 방식으로 지금도 공부하고 있어. 라이프니츠와 뉴턴이 누가 미적분을 먼저 발명했는지를 놓고 유치한 자존심 싸움을 벌이기도 했는데, 결국은 둘이 17세기 말 비슷한 시기에 독자적으로 발명한 것으로 결론을 내렸어.

사실 미적분은 수학 I에서 배운 대수학의 연장일 뿐이야. 움직이는 것을 측정하는 방법이 점차 정교해지면서 미분이 나왔고 이것이 적분과도 관련되었다는 사실도 알게 되었거든. 게다가 라이프니츠가 만든 계산방식 덕택에 미분도 우리가 초등학교 때 덧셈, 곱셈, 나눗셈 등을 배우듯이 단계적이고 기계적으로 계산하는 방법만 배우면 되는 단순기술이 되어버렸어. 원리를 이해하고 푸는 사람도 있지만 원리를 몰라도 규칙만 알면 미분을 할 수 있게 됐단 얘기지.

한편, 미적분의 근본원리가 되는 극한은 철학적이기도 하고 어려운 개념이지만 이것도 코시가 정리를 잘 해버린 바람에 고등학교 수준에서는 기계적으로 기법을 배우고 적용할 수 있어. 코시가 극한을 정의한 방법은 한마디로 오차허용범위를 정해 그 범위 내에 들어가는 작은 수가 어떤 상황에도 존재한다면 극한을 인정한다는 너무 간단하고 허술해 보이기까지 한 방법이야. 하지만 이보다 체계적이고 논리적인 증명은 아직 나오지 않은 상태야.

모순적이어서 문제가 많던 무한의 개념을 이용한 계산방식인 미적분을 유럽의 수학자들이 받아들이는 그 순간이 바로 고교수학이라는 드라마의 클라이맥스라고 할 수 있어.

　　미적분을 두고 싸운 뉴턴과 라이프니츠, 극한(무한소)을 두고 싸운 윌리스와 홉스 등 미적분과 관련된 사건들은 수학이 종교나 정치, 파벌싸움 등에서 자유로울 수 없는, 지극히도 인간적인 과목이란 것을 적나라하게 보여줘. 이런 "인간적"인 이유로 인해 미적분은 그리스 시대부터 지켜져 오던 전통인 엄밀한 증명을 생략한 채로 도입되는 특이한 면모도 보이지.

　　각종 미적분 기법의 논리적인 근거인 극한(무한소)의 존재에 대해 뉴턴, 라이프니츠 등 기라성 같은 수학자들도 적절한 대답을 하지 못한 채로 미적분을 사용해왔어. 100년 정도가 지난 19세기, 코시의 시대에 와서야 조금씩 증명이 되기 시작하는데 그것은 이때쯤 사회적인 환경이 변해서(많은 일반 대중들이 고등교육을 받게 되고 이들에게 미적분을 이해시켜야 했기 때문에) 미적분의 증명이 (사회적으로) 필요해졌기 때문이었어.

　　또 미적분을 배우게 되면서 그동안 우리가 배웠던 수학 공부의 방향과 목적에 근본적인 변화가 생긴다는 점을 알고 있어야 해.

　　초등학교에서 시작하여 우리가 배웠던 수학은 그동안 딱 맞아떨어지고 확실한 답만을 구하는 것이 목적이었어. 그런데 고등학교 수학, 특히 미적분과 관련된 과정부터는 딱 떨어지게 눈에 보이는 답이 아니라 필요한 만큼만 정확한 근사치를 찾아내는 경우가 많아져. 이전에는 손에 잡히는 수라고 할 수 있는 자연수, 정수, 유리수가 중요했지만 이제는 손에 잡히지 않는 수인 무리수, 초월수가 더 많이 나오지. 또 극한이라는 개념 역시 논리적으로 어떤 수에 한없이 접근한다는 것이지 어떤 특정한 수를 지정하지 않기에 딱 맞아떨어지는 것이 아니야.

고등학교 수학은 조만간 성인이 될 너희에게 세상의 이치도 살짝 알려주는데, 세상은 우리가 어렸을 때 보던 만화영화처럼 좋은 놈, 나쁜 놈으로 깔끔하게 나눠지지 않아. 대부분이 이상한 놈들이야. 이제 고등학생이 되었으니 예전의 단순했던 사고방식을 넘어서서 모두 다 맞는 것 같거나 전혀 감을 잡을 수 없는 상황에서 가장 적절한, 가장 정답에 가까운 답을 찾아내는 방법을 배워나가야 해. 적절한 방법을 통해 근사치를 찾고, 극한값을 찾듯이 말이다. 이것이 수학에서도 적용되는 방법이지만 세상 사는 것도 그렇다는 걸, 너희들이 커서 사회에 나가보면 알게 될 거야.

수학 II는 미적분의 증명과정을 거치며 새롭게 포함되었거나 다시 정의된 내용들이 주를 이루고 있어. 집합, 함수, 수열, 수의 체계와 실수체계도 모두 미적분의 증명과 연관이 깊지.

수열은 그 자체로도 의미가 있지만 무한급수와 연결되어서 초월함수 등 우리가 대수적으로 접근할 수 없는 수들을 이해하고 미적분의 원리에 접근하는 데 도움을 줘. 조금 전에 말했듯이 딱 떨어지는 답을 찾지 못하는 경우 적절한 근사치를 구하는 방법으로 무한급수가 쓰여. 또 부등식은 코시가 미적분을 증명하는 데 결정적인 역할을 했는데 지금도 중요하지만 고교과정 이후의 수학에서는 근사치를 구하는 도구로서 더욱 중요해져.

로그함수와 삼각함수는 대수적으로 얻을 수 없는 초월수의 함수인데 무한급수를 통해 근사치를 구해. 원래 로그는 네크로맨서인 네이피어가 계산을 편하게 하려고 만든 것이었는데 그 후 함수가 되어서 다시 나타난 거야. 특히 로그함수는 오일러 상수라고 불리는 e와 만나서 자연로그라는 이름으로 수학자들에게 유용한 도구가 되는데 자연과학뿐 아니라 경제, 금융에서도 활용도가 높아 꼭 알고 있어야 해.

삼각함수도 중학교 때 배웠던 삼각비에서 출발한 것인데 삼각형의 각도와 변의 길이 간의 관계를 통해 주로 거리 등을 재던 것이 진동, 주기운동 등을 설명하는 유용한 도구로 다시 태어난 거야. 갈릴레오 이후 포물선, 타원 등의 운동을 확실히 마스터한 유럽의 과학자들이 그다음 단계로 진동, 진자운동에 대해 관심을 가지면서 삼각함수도 같이 뜨기 시작했지. 특히 호도법의 라디안을 사용하면서 삼각함수의 미적분이 가능해지고 보다 세밀한 분석을 할 수 있게 됐어. 그 덕택에 정확한 시계도 생기고, 우리가 쓰고 있는 1미터의 거리도 정해지고.

휴. 이렇게 수학 I, II와 미적분의 역사가 흘러왔단다.

여기서 수학 I을 제외한 수학의 발전과정은 유럽을 무대로 전개되었어. 유럽은 1500년대 이전까지 문명권에 속하지도 않은 낙후지역이었어. 아랍의 지배와 영향력을 통해 수학 I의 내용을 일부 배워와서는 자체적으로 발전시켜나가기 시작했는데, 그 후 300년 사이에 당시의 선진문명이던 중국, 아랍, 인도 등이 하지 못한 일을 해냈어.

이것도 수학이 정치적이고 사회적이란 점을 잘 보여주는데, 유럽인들의 수학이 본격적으로 발전하기 시작한 시기는 종교전쟁을 거치고 교황과 가톨릭의 힘이 약해지면서 개인주의, 자유주의 사상이 피어나기 시작한 때였어. 이때 수학(과학)을 연구하는 데 기존의 권위적인 절대불변의 진리에 대해 의심해보고 경험적으로 팩트(사실)가 뒷받침되는 것을 진리로 받아들이자는 실용적인 사고방식이 자리를 잡기 시작했어. 개신교가 우세한 영국, 독일 등 국가에서 이런 생각이 힘을 얻었고 교황의 힘이 여전히 강력했던 이탈리아에서는 그렇지 못했어. 갈릴레오, 카발리에리 등을 배출한 이탈리아는 수학분야가 그 후 사양길을 걸었어. 중국이나 아랍권도 중앙권력이 막강해서 교황 중심의 이탈리아와 상황이 비슷했다고 볼 수 있지.

우리나라는 뭐 했냐고? 우리나라도 중국의 영향을 받긴 했지만 세종 때까지는 세계적인 수준의 수학을 갖추고 있었어. 그 후는 너희들도 알다시피 긴 정체기를 보냈다.

실용적이고 자유로운 사고방식을 도입한 유럽국가들의 중심에는 현재 강대국인 영국, 프랑스, 독일이 있었고 이들 나라의 수학자들은 당시 인간의 능력으로는 증명이 불가능했던 미적분을 받아들여 그 후 인류역사상 볼 수 없었던 급격한 발전의 주인공이 되었어.

사실 미적분이 나오기 전만 해도 중국 등 다른 문화권의 수학수준이 훨씬 높고 정교했는데 이들이 정확히 맞아떨어지는 것들만 강조한 수학 I 내용의 수학만 붙들고 있는 사이 유럽은 과감하게 미적분으로 나아갔어.

확실하고 안전한 기존 지식에만 얽매이지 않고 불확실하고 새로운 것에 도전하는 혁신정신이 있어야 열세를 우세로 뒤집을 수 있어. 미적분을 수용한 후 유럽은 수학과 과학기술에서 다른 지역을 압도적으로 제압해 나갔지. 지리적인 이점 등 여러 가지 행운도 많이 따랐지만 과학과 수학 분야에서 유럽인들의 진취적인 정신은 인정해줄 만해. 미적분의 과감한 도입 이후 수학수준도 더욱 높아져서 미적분을 증명해내고 수학의 체계를 잡은 내용들이 우리가 고등학교 때 배우는 수학 II에 실려 있어.

그저 여러 가지 복잡한 계산방법(고문방법?)을 배우는 것이라고 생각했던 고등학교 수학에는 이렇듯 나름의 사연이 담겨 있단다. 근의 공식, 곱셈법칙, 라이프니츠의 미분법칙 등 우리가 수학시간에 배우는 개념들이 이래 봬도 그 하나하나가 역사이고 예술작품[51]과 같은 것들이야. 어떻게 보면 우리는 고등학교에 와서 수학 개념들을 이해하고 직접 풀어보는 과정을 거치면서 대략 19세기 초까지 인류를 지탱하고 발전시켰던 위대한 사람들의 머릿속에 들어왔다가 나온 거라고 볼 수도 있어. 장하다, 우식이, 동현이!

어때, 수학이 나름 사연이 많은 과목이었지? 이제 고등학교에 가면 제대로 공부해보고 싶단 마음이 새록새록 들지 않니?

아니라구?

---

51   William Dunham, *Journey Through Genius*.

mathematics

고등학교 수학의 사건일지

구분	해당챕터	인물	내용	시기
미적분	Day 24	제논	제논의 역설로 무한 개념의 문제점 제기	−500 (기원전 5세기)
수학 I	Day 4	유희	『구장산술』에 연립방정식 등 정리	263
수학 II	Day 18	바스카라, 브라마굽타	삼각비인 사인 발견	7세기경
수학 I	Day 4	알콰리즈미	근의 공식을 발견	8세기경
수학 I	Day 2	피보나치	아랍에서 배운 곱셈공식을 유럽에 소개	1202
수학 II	Day 18	레기오몬타누스	여러 종류의 삼각비, 삼각법을 체계적으로 정리하여 유럽에 소개	1464
수학 II	Day 18	프리시위스	사인법칙 이용한 삼각측량법 소개	1533
수학 I	Day 5	카르다노	3차 방정식의 해법 소개	1545
수학 I	Day 2	자일랜더	임의의 수로 n 소개	1575
수학 I	Day 2	비에트	기호를 사용하는 대수학 도입	1579
수학 I	Day 6	봄벨리	허수의 계산방법 소개	1579
수학 I	Day 9	갈릴레오	포물선 연구	1592
수학 I	Day 9	케플러	타원 연구	1609
수학 II	Day 16	네이피어	로그 계산법 소개	1610
수학 I	Day 2	데카르트	미지의 수를 표시하는 데 x 사용	1637
수학 I	Day 7	데카르트	평면좌표 도입	1637
수학 II	Day 16	그레구아르 생뱅상	쌍곡선과 로그의 연관성을 알아내어 e를 발견	1649

구분	해당챕터	인물	내용	시기
수학 I	Day 4	뉴턴	방정식의 이론, 근과 계수의 관계에 대해 연구	1665
미적분	Day 23	뉴턴	미적분 발명	1665
미적분	Day 23	라이프니츠	미적분 발명	1675
수학 I	Day 6	월리스	음수(−)를 사용해야 함을 주장	1685
수학 II	Day 17	코츠	그리스 시대부터 내려오던 라디안/호도법을 현재 교과서 수준으로 정리	1714
수학 II	Day 20	오일러	삼각함수의 미적분 소개	1755
수학 I	Day 9	오일러	2차 방정식의 그래프에 대해 현재 교과서 수준으로 정리	1765
수학 I	Day 6	오일러	허수의 기호 i 소개	1777
수학 I	Day 6	베셀	복소평면 소개	1797
수학 II	Day 19	케스트너	사인함수 소개	1800
미적분	Day 25	코시	부등식을 이용하여 극한을 증명: 미적분을 수학적으로 증명	1821
수학 I	Day 4	실베스터	판별식 발명	1853
수학 II	Day 11	불	집합과 명제를 논리학으로 정리	1854
수학 II	Day 11	칸토어	집합의 개념을 정의 및 정리	1872
수학 II	Day 12	데데킨트	수의 체계: 무리수를 정의	1872
수학 II	Day 12	칸토어	수의 체계: 초월수, 무리수에 대해 설명	1874

참고문헌

Alex Bellos, *The Grapes of Math Simon and Schuster*, New York, 2014.

Amir Aczel, *A Strange Wilderness*, Sterling Publishing, Toronto, 2011.

Amir Alexander, *Infinitesimal*, Farrar, Straus and Giroux, New York, 2014.

Eli Maor, e: *The Story of a Number*, Princeton University Press, Princeton, 1994.
(한국어판 : 『오일러가 사랑한 수』, 경문사, 2000)

Eli Maor, *Trigonometric Delights*, Princeton University Press, Princeton, 1998.
(한국어판 : 『사인 코사인의 즐거움』, 파스칼북스, 2003)

Ian Stewart, *Concepts of Modern Mathematics*, Dover Publications, New York, 1995.

Keith Devlin, *The Language of Mathematics*, Holt Paperback, New York, 2000.
(한국어판 : 『수학의 언어』, 해나무, 2003)

Morris Kline, *Mathematics for the Non mathematician*, Dover Publications, New York, 1967.

Paul Lockhart, *Measurement*, Harvard University Press, Massachusetts, 2012.

William Dunham, *Journey Through Genius*, Penguin Books, New York, 1991.

William Dunham, *The Calculus Gallery*, Princeton University Press, Princeton, 2005.
(한국어판 : 『미적분학 갤러리』, 청문각, 2011)

과학동아 편집실, 『수학자를 알면 공식이 보인다』, 도서출판 성우, 2002.

청소년을 위한
최소한의 수학 2

1판 1쇄 펴냄 2016년 4월 25일
1판 5쇄 펴냄 2022년 11월 30일

지은이 장영민

주간 김현숙 | **편집** 김주희, 이나연
디자인 이현정, 전미혜
영업·제작 백국현 | **관리** 오유나

펴낸곳 궁리출판 | **펴낸이** 이갑수

등록 1999년 3월 29일 제300-2004-162호
주소 10881 경기도 파주시 회동길 325-12
전화 031-955-9818 | **팩스** 031-955-9848
홈페이지 www.kungree.com
전자우편 kungree@kungree.com
페이스북 /kungreepress | **트위터** @kungreepress
인스타그램 /kungree_press

ISBN 978-89-5820-373-5 03410
ISBN 978-89-5820-374-2 03410(세트)

값 15,000원